高等学校适用教材

机 械 制 图

马丽敏　刘仁杰　主　编

刘彤晏　刘文华　副主编

中国质检出版社

北 京

图书在版编目（CIP）数据

机械制图/马丽敏，刘仁杰主编．—北京：中国质检出版社，2012（2019.5重印）
高等学校适用教材
ISBN 978-7-5026-3579-4

Ⅰ．①机… Ⅱ．①马… ②刘… Ⅲ．①机械制图 Ⅳ．①TH126

中国版本图书馆 CIP 数据核字（2011）第 035916 号

内 容 提 要

本书是作者在总结多年教学和改革经验基础上编写而成的，教材内容符合高等学校工科制图课程教学指导委员会制定的《画法几何及机械制图课程教学基本要求》，采用最新的国家标准。其内容包括：制图基本知识和基本技能、组合体视图及其尺寸注法、机件的常用表达方法、轴测图、标准件和常用件、零件图、装配图、焊接图等和附录。

本书可作为高等院校机械类、非机械类各专业的教材，也可供其他相关专业师生和工程技术人员参考。

与本书配套出版的《机械制图习题集》（中国质检出版社，2011 年）可供读者选用。

中国质检出版社出版发行

北京市朝阳区和平里西街甲 2 号（100029）

北京市西城区三里河北街 16 号（100045）

网址：www.spc.net.cn

总编室：(010)68533533　　发行中心：(010)51780238

读者服务部：(010)68523946

中国标准出版社秦皇岛印刷厂印刷

各地新华书店经销

*

开本 787×1092　1/16　印张 12.5　字数 296 千字

2012 年 3 月第一版　　2019 年 5 月第四次印刷

*

定价：36.00 元

前　言

　　本书是以教育部制定的高等工科学校《画法几何及机械制图课程教学基本要求》为指导，在总结多年教学和改革经验的基础上编写而成的。其目的是使学生在掌握机械制图基本知识、基本理论的同时，更侧重于对学生基本技能的培养及对学生空间逻辑思维能力、形体构思分析能力的培养。

　　本书是在作者原有的讲义基础上进一步做了精简，难度也有所降低。机械图部分以培养读图能力为重点，便于学习和应用。

　　与本书配套有《机械制图习题集》(中国质检出版社，2011)。

　　本书是按最新国家标准编写，全部图形采用计算机绘制。

　　参加本书编写的有：大连工业大学刘文华(第一章、附录)，刘仁杰(第二章、第三章)，刘彬(第四章)，卜繁岭(§5.1、§5.2)，杨春媛(§5.3～§5.5)，刘彤晏(第六章)，马丽敏(第七章、第八章)。

　　本书由马丽敏、刘仁杰主编，曹学云主审。

　　本书在编写过程中得到很多同行的关注和帮助，同时也吸取和借鉴了其他院校教学中的宝贵经验，在此向关心、指导本书编写的同志们表示诚挚的谢意。

　　限于我们的水平，书中难免存在缺点和错误，敬请各位读者批评指正。

编者

2012 年 2 月

目　　录

绪 论

一、本课程的性质、内容和任务

机械工程图样与文字、图像、声音、数字等其他传播工具一样是进行交流、表达思想的重要媒介。在现代工业生产中,无论设计和制造各种机械、仪器、设备及建筑物等都离不开图样,在使用、维修、安装和检验中也要以图样为依据。因此,工程图样就成为工业生产中一种重要的技术资料,是进行技术交流不可缺少的工具,被喻为工程界的"技术语言"。每个工程技术人员都必须具备绘制和阅读工程图样的能力。

本课程是高等工科院校中一门既有理论又有较强实践性的重要技术基础课,它包括制图基础知识、几何体的构成形式、标准件常用件的图样表达方法、零件图及装配图的内容及表达等内容。

本课程的任务是:

(1)培养学生绘制和阅读机械工程图样的能力。

(2)培养学生学习和应用国家标准《技术制图》和《机械制图》的能力。

(3)培养学生对三维形体与相关位置的空间逻缉思维能力。

(4)培养学生独立分析问题、解决问题的能力,培养创造性思维和审美的能力。

二、本课程的学习方法

(1)机械制图是一门实践性很强的课程。因此,在学习本课程时,要在理解基本概念、基本图示原理和基本作图方法的基础上,多画、多想、多看,注意画、看结合,图、物结合,突出一个"练"字。

(2)机械制图以画法几何的正投影理论为依据,其内容与生产实际密切相联。在学习本部分时要运用画法几何的基本理论进行绘制和阅读工程图样,要紧密联系实际,掌握机械工程图样中尺寸、技术要求的注写和阅读,掌握机械加工工艺基本知识,提高理解和使用相关国家标准的能力。此部分需要通过完成一系列的作业才能达到。

(3)图样是用来指导生产的重要技术文件,一线一字之差都会给生产带来不应有的损失,所以在学习和绘图过程中,应培养认真负责、耐心细致、精益求精的良好作风。必须严格遵守《机械制图》和《技术制图》国家标准的规定。

(4)不断改进学习方法,学会查阅有关资料,掌握画图、看图的方法与步骤,提高自学能力和独立工作能力。

第一章　制图的基本知识和基本技能

机械图样用于表达机件的形状、尺寸和技术要求,是指导产品设计、制造、安装、检测、技术交流等过程中的重要资料,是工程界的语言。因此,对图样的内容、格式、表达方法等必须有统一规定。国家标准《技术制图》和《机械制图》是我国制定的基本技术标准,绘图时应严格遵守标准的有关规定,以便生产部门科学地进行生产、管理及交流。

国家标准的代号为"GB",其中"GB/T"为推荐性国家标准。本章主要介绍国家标准对图纸幅面的格式、比例、字体、图线和尺寸注法等有关规定,以及常见的几何图形绘制方法。

§1－1　国家标准《技术制图》和《机械制图》的有关规定

一、图纸幅面(GB/T 14689—2008)和标题栏

1.图纸幅面及图框格式

绘制图样时,应优先采用表1-1中规定的图纸基本幅面尺寸,幅面代号分为 A0,A1,A2,A3,A4 五种。

表 1－1　图纸基本幅面的尺寸　　　　单位:mm

幅面代号	A0	A1	A2	A3	A4
B×L*	841×1189	594×841	420×594	297×420	210×297
a	25				
c	10			5	
e	20		10		

必要时允许加长幅面,加长幅面的尺寸由基本幅面的短边成整数倍增加后得出。加长量必须符合 GB/T 14689—1993 中的规定,如图 1-1 所示。

需要装订的图样,应留装订边,其图框格式如图 1-2(a),(b)所示。应用中,一般采用 A4 幅面竖装或 A3 幅面横装。

不需装订的图样其图框格式如图 1-2 (c),(d)所示。

图纸边界线用细实线绘制,大小为幅面尺寸。图框线用粗实线绘制,与图纸边界线的距离和图框的格式有关,如图 1-2 所示。图框

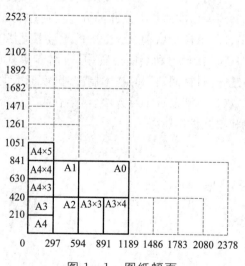

图 1－1　图纸幅面

---

* 单位均为 mm,下同。

周边尺寸 a,c,e 如表 1-1 所示。同一产品的图样采用同一种格式。

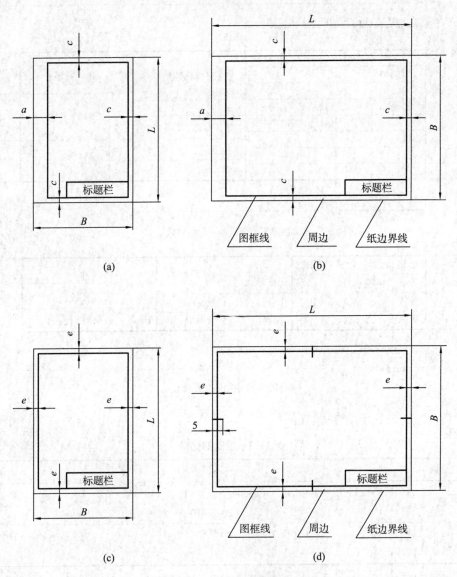

图 1-2　图框格式

2. 标题栏格式

　　每张图纸在图纸的右下角都必须画出标题栏。标题栏的格式和尺寸由 GB/T 10609.1—2008 规定,如图 1-3(a)所示。看图的方向与标题栏中书写文字的方向一致。学生作业建议采用图 1-3(b)所示标题栏格式。

二、比例(GB/T 14690—1993)

　　图样中图形与其实物相应要素的线性尺寸之比称作比例。比值为 1 的比例,即 1∶1,称为原值比例;比值大于 1 的比例,如 2∶1 等,称为放大比例;比值小于 1 的比例,如 1∶2等,称为缩小比例。需要按比例绘制图样时,一般应从表 1-2 规定的系列中选取不带括号的适当比例,必要时也允许选取表 1-2 中带括号的比例。

3

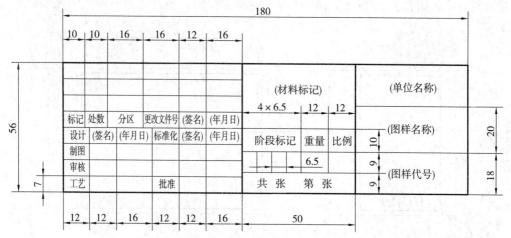

(a)国家标准规定的标题栏格式

(b)制图作业中的简化标题栏

图 1-3 标题栏

表 1-2 绘图的比例

原值比例	1:1
缩小比例	(1:1.5) 1:2 (1:2.5) (1:3) (1:4) 1:5 (1:6) $1:1 \times 10^n$ $(1:1.5 \times 10^n)$ $1:2 \times 10^n$ $(1:2.5 \times 10^n)$ $(1:3 \times 10^n)$ $(1:4 \times 10^n)$ $1:5 \times 10^n$ $(1:6 \times 10^n)$
放大比例	2:1 (2.5:1) (4:1) 5:1 $1 \times 10^n:1$ $2 \times 10^n:1$ $(2.5 \times 10^n:1)$ $(4 \times 10^n:1)$ $5 \times 10^n:1$

注:n 为正整数

　　绘制同一机件的各个视图应采用相同的比例,并在标题栏的比例一栏中标明。当某个视图需要采用不同的比例时,必须另行标注。应注意,不论采用何种比例绘图,尺寸数值均按原值注出。

三、字体(GB/T 14691—1993)

　　国家标准《技术制图》"字体"GB/T 14691—1993 中,规定了汉字、字母和数字的结构形式。在图样中书写字体必须做到:字体工整、笔划清楚、间隔均匀、排列整齐。各种字体的大小选择要适当。

1. 字体高度

　　字体高度用 h 表示,其公称尺寸系列为:1.8,2.5,3.5,5,7,10,14,20mm。如需要写更

4

大的字,其字体高度应按$\sqrt{2}$的比率递增。字体高度值代表字体的号数。

2. 汉字

汉字应写成长仿宋体字,并应采用中华人民共和国国务院正式公布推行的《汉字简化方案》中规定的简化字。汉字的高度h不应小于3.5mm,其字宽一般为$h/\sqrt{2}$。表1-3为汉字的基本笔划,图1-4为汉字示例。

表1-3　汉字基本笔划

名称	点	横	竖	撇	捺	勾	挑	折
基本笔划	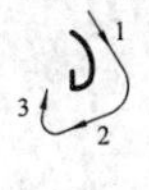	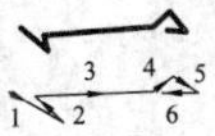				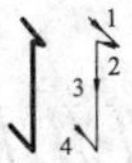	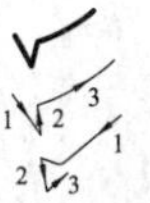	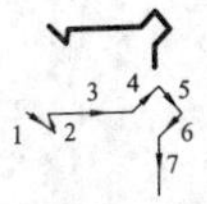
举例	审	要	图	例	术	技	注	铝

10号汉字

字体工整笔划清楚间隔均匀排列整齐

7号汉字

横平竖直注意起落结构均匀填满方格

5号汉字

技术制图机械自动化电子材控模具汽车航空船舶土木建筑矿山

图1-4　长仿宋体字

3. 字母和数字

字母和数字分为 A 型和 B 型。A 型字体的笔画宽度(d)为字高(h)的1/14,B 型字体的笔画宽度(d)为字高(h)的1/10。在同一图样上,只允许选用一种形式的字体。字母和数字可写成斜体和直体。斜体字字头向右倾斜,与水平基准线成75°。

字母的综合应用有下述规定:用作指数、分数、极限偏差、注角等的数字及字母,一般应采用小一号的字体;图样中的数学符号、物理量符号、计量单位符号,以及其他符号、代号,应分别符合国家有关法令和标准的规定。图1-5为英文字母、罗马数字和阿拉伯数字及综合应用示例。

四、图线(GB/T 4457.4—2002、GB/T 17450—1998)

国家标准规定《机械制图》"图线"GB/T4457.4—2002 和《技术制图》"图线"GB/T 17450—1998 两项专项图线标准。在绘制机械图样时,应在不违背 GB/T 17450—1998 的前提下,继续贯彻 GB/T 4457.4—2002 中的有关规定。

0123456789

(a) 阿拉伯数字

ABCDEFGHIJKLMN

OPQRSTUVWXYZ

(b) 大写拉丁字母

abcdefghijklmopqrstuvwxyz

(c) 小写拉丁字母

I II III IV V VI VII VIII IX X

(d) 罗马数字

M24－6H　　10JS5 (±0.003)

$\varnothing 25\frac{H6}{m5}$　　$\sqrt{R_a 6.3}$　　380kPa

(e) 综合应用示例

图 1－5　数字、字母及综合应用示例

1. 线型

国家标准 GB/T 4457.4—2002 中规定了机械图样中常用图线的名称、型式、宽度以及在图样上的一般应用，如表 1－4 及图 1－6 所示。

表 1－4　图线的型式、宽度和主要用途

名　称	线型	宽度 d(建议)		一般应用
粗 实 线		0.7	0.5	可见轮廓线
细 实 线		0.35	0.25	尺寸线、尺寸界线、剖面线、引出线等
虚　　线	12*d* 3*d*	0.35	0.25	不可见轮廓线
细点画线	24*d* 3*d* 0.5*d*	0.35	0.25	轴线、对称中心线、节圆及节线、轨迹线
粗点画线		0.7	0.5	有特殊要求的表面的表示线
双点画线	24*d* 3*d* 0.5*d*	0.35	0.25	假想轮廓线、相邻辅助零件的轮廓线、中断线
波 浪 线		0.35	0.25	断裂处的边界线、剖视与视图的分界线
双 折 线		0.35	0.25	断裂处的分界线

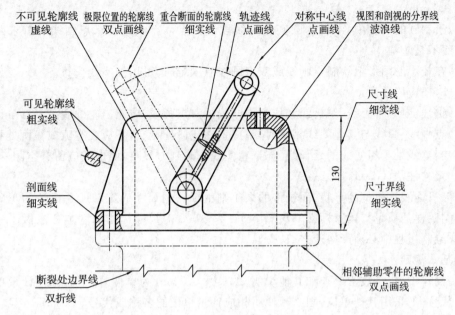

图 1-6　图线用途示例

2. 线宽

图线分为粗线和细线两种。图线的宽度（粗、细）用 d 表示，粗线的宽度应根据图形的大小和复杂程度在（0.5～2）mm 之间选择，细线的宽度约为粗实线的 1/2。

图线宽度的推荐系列为：0.13,0.18,0.25,0.35,0.5,0.7,1,1.4,2mm。

3. 图线画法

如图 1-7(a)所示，绘图时一般应遵循以下各点：

（1）同一图样中的同类图线的宽度应基本一致。虚线、点画线及双点画线的线段长度和间隔应各自大致相等。

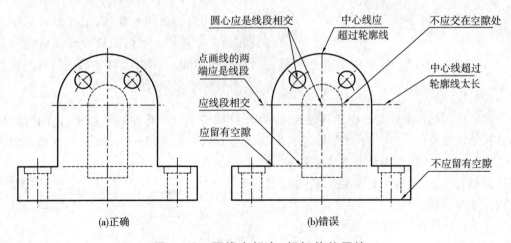

图 1-7　图线在相交、相切处的画法

（2）两条平行线（包括剖面线）之间的距离应不小于粗实线的两倍宽度，其最小距离不

7

得小于 0.7mm。

（3）绘制圆的对称中心线时，圆心应为线段的交点。点画线和双点画线的首末两端应是线段而不是短画。

（4）在较小的图形上绘制点画线或双点画线有困难时，可用细实线代替。

此外，还应该注意：

（1）轴线、对称中心线、双折线和作为中断线的双点画线，应超出轮廓线(2～5)mm。

（2）点画线、虚线与其他图线相交时，都应该在线段处相交，不应在空隙或短画处相交。

（3）当虚线处于粗实线的延长线上时，粗实线应画到分界点，而虚线应留有空隙。

五、尺寸注法(GB/T 4458.4—2003)

图形只能表达机件的形状，而机件的大小则由标注的尺寸确定。尺寸标注的正确与否直接影响图样的质量。国家标准 GB/T 4458.4—2003 对尺寸标注的基本方法做了一系列规定，在绘制过程中必须严格遵守。

1. 基本规则

（1）图样中（包括技术要求和其他说明）的尺寸，以 mm 为单位时，不需标注计量单位的名称或代号；如采用其他单位，则必须注明相应计量单位的名称或代号。

（2）图样中所注尺寸数值为机件的真实大小，与图形的大小和绘图的准确度无关。

（3）机件的每一尺寸，一般只标注一次，并应标注在反映该结构最清楚的图形上。

（4）图样中所注尺寸是该机件最后完工时的尺寸，否则应另加说明。

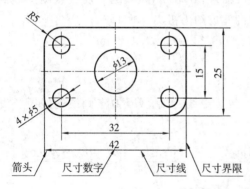

图 1-8 尺寸的组成及标注示例

2. 尺寸要素

如图 1-8 所示，一个完整的尺寸一般应包括尺寸界线、尺寸线（含表示尺寸线终端的箭头或斜线）、尺寸数字。

（1）尺寸界限

尺寸界限表示所注尺寸的起止范围，用细实线由图样的轮廓线、轴线或对称中心线引出，也可利用图样的轮廓线、轴线或对称中心线作为尺寸界线。引出的尺寸界线应超出尺寸线(2～5)mm。尺寸线一般应与尺寸线垂直，必要时才允许倾斜。

（2）尺寸线

尺寸线用细实线绘制。标注线性尺寸时，尺寸线必须与所标注的线段平行，相同方向的各尺寸线之间的距离要均匀，间隔应大于5mm，[建议间距为(6～8)mm]。尺寸线不能用图上的其他线代替，也不能与其他图线重合或在其延长线上，并应尽量避免与其他尺寸线或尺寸界线相交叉。

尺寸线终端可以有以下两种形式：

1）箭头：箭头的形式如图1-9(a)所示，适用于各种类型的图样。箭头尖端与尺寸界线接触，不得超出或离开。

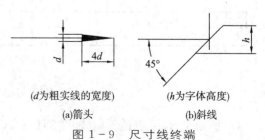

(d为粗实线的宽度)   (h为字体高度)

(a)箭头   (b)斜线

图 1-9 尺寸线终端

2)斜线:斜线用细实线绘制。其画法如图1-9(b)所示。当尺寸线的终端采用斜线时,尺寸线与尺寸界线必须垂直。

当尺寸线与尺寸界线相互垂直时,同一张图样中只能采用一种尺寸线终端形式。

(3)尺寸数字

线性尺寸的数字一般注写在尺寸线的上方。也允许注写在尺寸线的中断处。线性尺寸数字一般按表1-5第一项中所示的方法注写。

国标还规定一些注写在尺寸数字周围的尺寸符号。

例如:ϕ:表示直径　　　t:表示板状零件厚度

　　　R:表示半径　　　$\angle$:表示斜度

　　　S:表示球面　　　EQS:均布　　　C:45°倒角

表1-5　尺寸注法示例

标注内容	图　　例	说　　明
尺寸数字	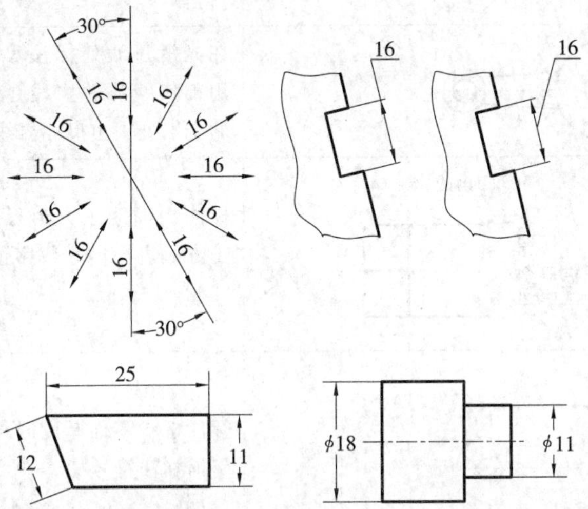	1.尺寸数字一般应按左上图所示方向注写并尽可能避免在图示30°范围内注写尺寸,当无法避免时可按右上图的形式注写。 2.在不致引起误解时也允许注写在尺寸线的中断处,如下面两图所示。 3.在同一张图样中,尽可能采用同一种方法,一般采用第一种方法
角度、弦长、弧长	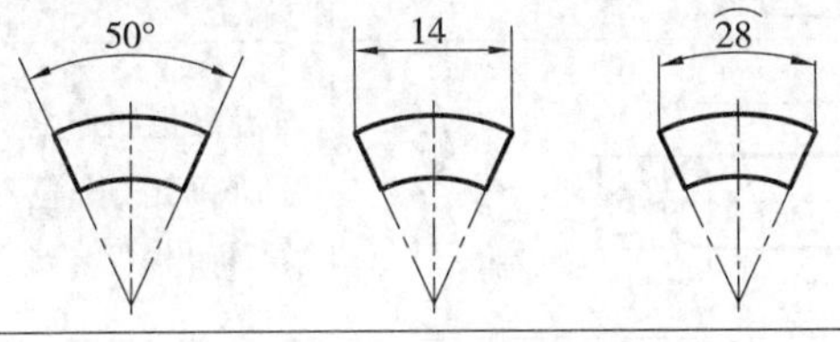	标注角度的尺寸界限径向引出,弦长和弧长的尺寸界线应平行于该弦的垂直平分线
圆	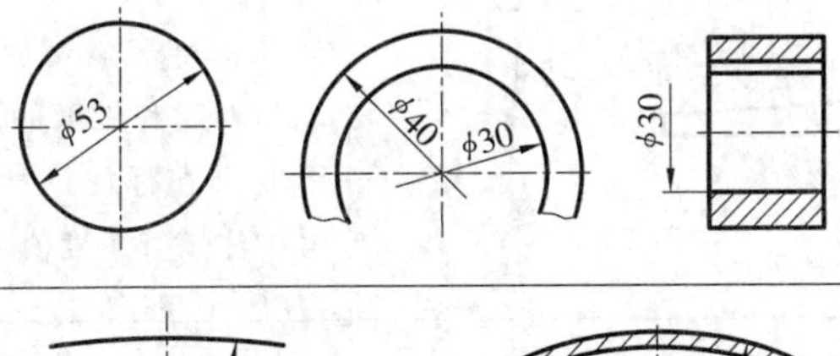	圆的尺寸终端为箭头,圆不完整时也可一端为箭头
大圆弧	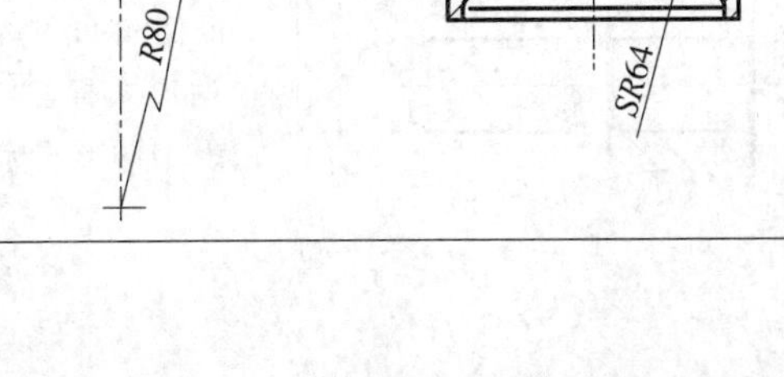	圆弧的尺寸过大,图纸范围内无法注出圆心位置,可按图标注

续表 1-5

标注内容	图　例	说　明
球面	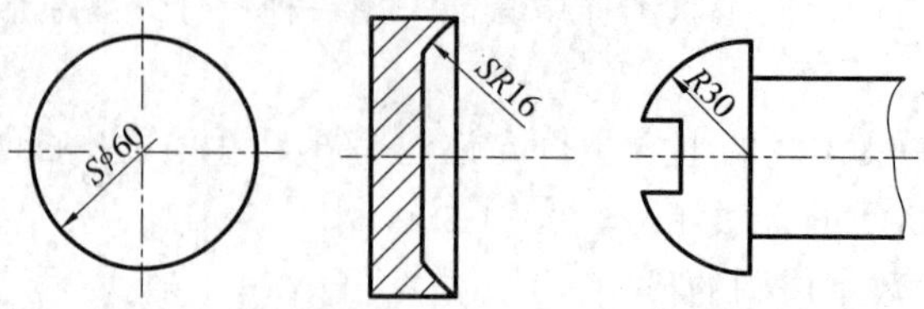Sϕ60 SR16 R30	球面的直径或半径加注“S”，在不易误解时可省略
小尺寸	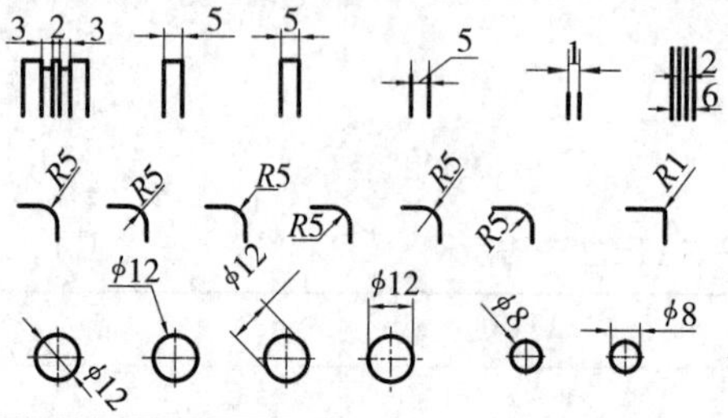3 2 3 5 5 5 1 2 6 R5 R5 R5 R5 R5 R5 R1 ϕ12 ϕ12 ϕ12 ϕ12 ϕ8 ϕ8 ϕ8	在没有足够位置画箭头或注写数字时，可按图中形式标注
圆滑过渡处	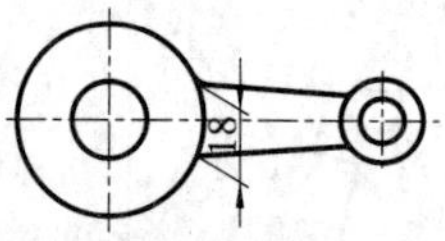18	在光滑过渡处标注尺寸时，必须用细实线将轮廓线延长，从它们的交点处引出尺寸界线
正方形结构	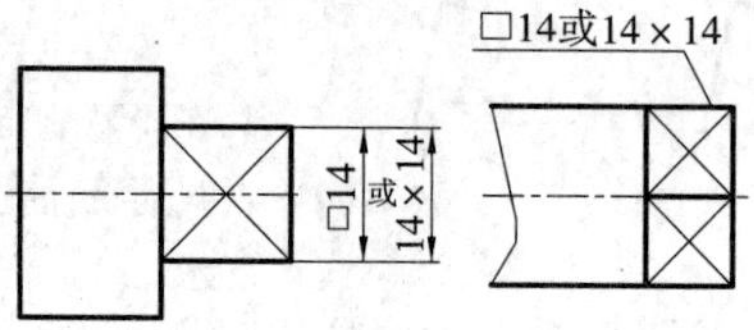□14或14×14 □14 或 14×14	标注剖面为正方形尺寸时，可在正方形边长尺寸数字前加注符号“□”
板状零件	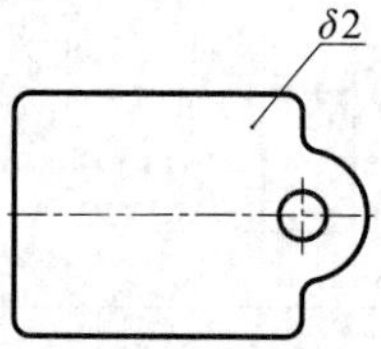δ2	标注板状零件厚度时可在尺寸数字前加注符号“δ”
已确定半径尺寸	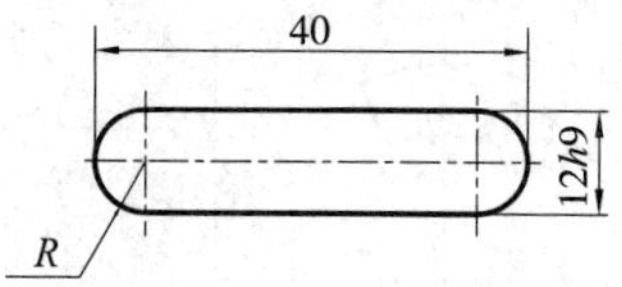40 12h9 R	当需要指明半径尺寸是由其他尺寸所确定时，应在尺寸线和符号“R”标出，但不要注写尺寸数字
锥度或斜度	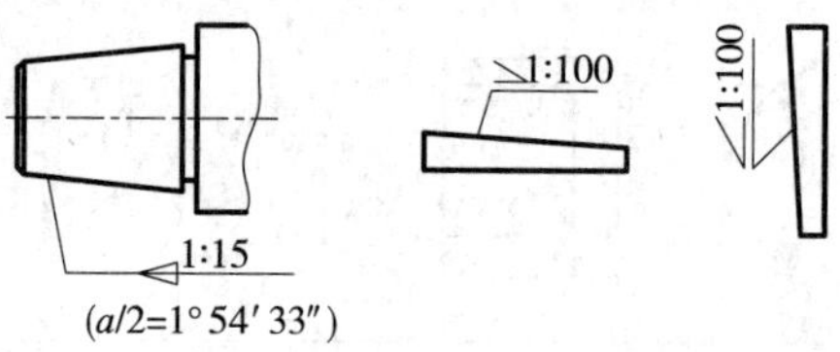1:15 (α/2=1°54′33″) 1:100 1:100	标注锥度和斜度时，符号的方向应与斜度和锥度的方向一致。必要时可在标注锥度的同时，在括号中注出其角度值
倒角	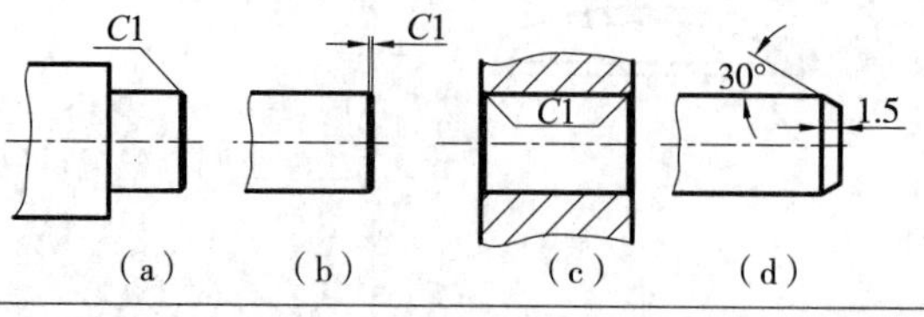C1 C1 C1 30° 1.5 (a) (b) (c) (d)	45°的倒角可按左图(a)，(b)和(c)的形式标注，非45°的倒角按左图(d)的形式标注

标注内容	图 例	说 明
退刀槽	2×φ8 2×1 2×1 （a） （b） （c）	槽的尺寸标注如左图所示，图(a)所注的是"槽宽×直径"；图(b)和(c)所标注的是"槽宽×槽深"
均匀分布的成组结构	L X-bXL 15° 8×φ4 EQS 8×φ4 X个 φ30 φ30	在同一图形中，对于尺寸相同的孔、槽等组成要素，可仅在一个要素上注出其尺寸和数值。均匀分布的成组要素（如孔等）的尺寸，图中位置明确，可省略"均布"二字

3. 标注示例

表 1-5 中列出了国标规定的一些尺寸注法。

图 1-10 用正误对比的方法，列举了初学标注尺寸时一些常见错误。

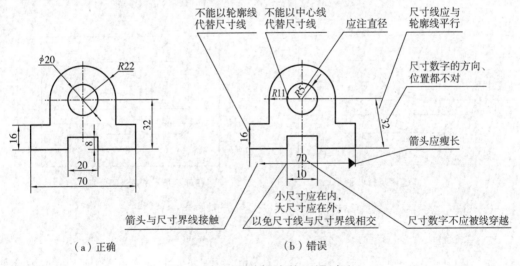

图 1-10 尺寸标注的正误对比

§1-2 绘图工具的使用

正确地使用绘图工具是工程技术人员必须具备的基本技能，也是学习和巩固制图学理论知识的重要方法。常用绘图工具的正确使用方法如下。

一、图板和丁字尺

如图 1-11、图 1-12 所示，绘图时用胶带纸将将图纸铺贴在图板上。图板表面应光滑平坦。图板的左侧边为丁字尺的导边，应该平直光滑。当图纸较小时，应将图纸铺贴在图板靠近左下方的位置。

丁字尺由尺头和尺身两部分组成,尺头的内侧边和尺身的上边都必须平直,尺头与尺身的结合必须牢固,以保证绘图的准确性。使用时,左手握住尺头,使尺头内侧边紧靠图板导边,上下移动到绘图所需位置,配合三角板绘制各种图线,图样中的水平线应用丁字尺画出。绘制同一张图样时不允许更换丁字尺,或更换丁字尺尺头所贴靠的图板边缘。

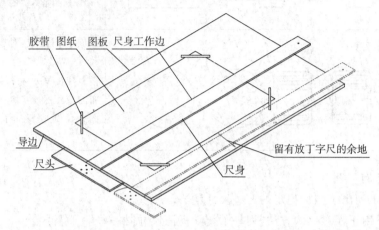

图 1-11 丁字尺、图板的使用(1)

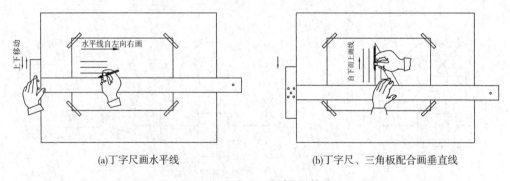

(a)丁字尺画水平线   (b)丁字尺、三角板配合画垂直线

图 1-12 丁字尺、图板的使用(2)

二、三角板

绘图时应备有一副三角板(45°角及 30°×60°各一块),三角板经常与丁字尺配合使用,可绘制与水平成 90°,45°,30°,60°的直线。若同时使用两块三角板,还可绘制与水平成 15°,75°角的倾斜直线,此外,也可用两块三角板作已知线的平行线或垂直线,如图 1-13所示。

三、圆规和分规

1.圆规用来画圆和圆弧

画图时应尽量使钢针和铅芯都垂直于纸面,钢针的台阶与铅芯尖应平齐,针脚应比铅芯稍长,使用方法如图 1-14所示。画较大的圆时,应使圆规两脚垂直纸面。

使用圆规画细实线圆、虚线、细点划线圆时,用 HB 铅芯,磨成圆锥形或铲形,画粗实线圆,用 B 或 2B 铅芯,磨成矩形,如图 1-15所示。

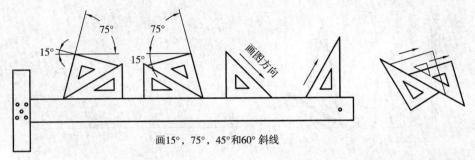

画15°，75°，45°和60°斜线

(a)画15°，75°，45°，60°斜线   (b)用三角板画任意角度平行线

图 1-13　三角板作图示意

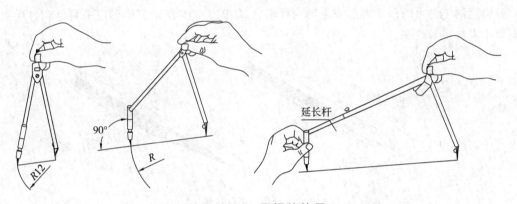

图 1-14　圆规的使用

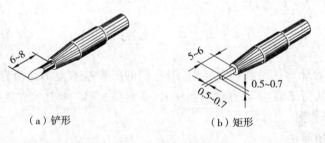

（a）铲形   （b）矩形

图 1-15　圆规中的铅芯

2. 分规主要用来量取线段长度或等分已知线段

分规的两个针尖应调整平齐。从比例尺量取长度时，针尖不要正对尺面，应使针尖与尺面保持倾斜。用分规等分线段时，通常要用试分法。分规的用法如图 1-16 所示。

四、铅笔

铅笔是绘制工程图时用来画线的工具。使用铅笔的技巧高低，直接影响绘图质量。铅笔以笔芯软硬程度不同分为 B，HB，H 等多种标号。B 前面的数字越大，表示铅芯越软，画出的线条越黑。H 前面的数字越大，表示铅芯越硬，画出的线条越淡。HB 标号的铅芯硬软适中。绘图时建议选用 H 型铅笔打底稿，选用 HB 型铅笔画粗、细线、各类点画线、箭头、写字。

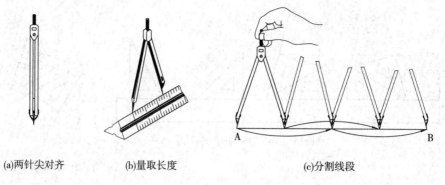

(a)两针尖对齐　　　　　(b)量取长度　　　　　　　(c)分割线段

图 1-16　分规中的使用方法

　　铅笔的笔芯可磨削成锥形或矩形两种形状,如图 1-17 所示。锥形用来写字和打底稿,矩形用来加粗和描深。

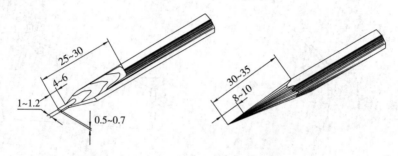

图 1-17　粗实线和细实线铅笔的削法

§1-3　几何作图

　　虽然机件的轮廓形状是多种多样的,但它们的图样基本上都是由直线、圆弧或其他一些曲线所组成的几何图形,因而在绘制图样时,常常要运用一些几何作图的方法。

一、正多边形作图

1. 正六边形的画法

　　绘制正六边形,一般利用外接圆半径为正六边形的边长来作出其内接正六边形。绘制步骤如图 1-18 所示。

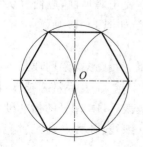
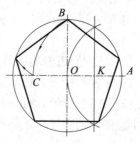
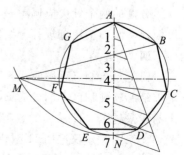

图 1-18　正六边形的画法　　图 1-19　正五边形的画法　　图 1-20　正七边形的画法

2. 正五边形的画法

如图 1-19 所示，作 OA 的中点 K，以 K 为圆心、KB 为半径画弧，交水平直径于 C，以 BC 为半径可将圆等分为五份，即可作出其内接五边形。

3. 正 n 边形的画法

如图 1-20 所示，n 等分铅垂直径 AN（图中 $n=7$）。以 A 为圆心、AN 为半径作弧，交水平中心线于点 M。延长连线 $M2，M4，M6$，于圆周交于点 $B，C，D$。再作出它们的对称点 $G，F，E$，即可连成圆内接正七边形。

二、斜度与锥度（GB/T 15754—1995）

1. 斜度

斜度是指一直线或平面对另一直线或平面的倾斜程度，在图样中通常以 $1：n$ 形式标注，并在 $1：n$ 之前加注斜度符号"∠"，符号的方向与倾斜方向一致。如图 1-21 所示。

$$斜度 = \tan\alpha = H/L$$

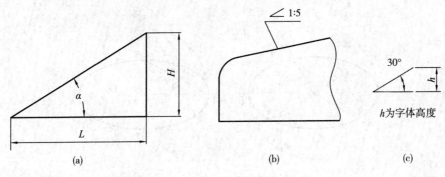

图 1-21　斜度及标注

2. 锥度

锥度是指正圆锥体底圆的直径与圆锥高度之比，在图样中通常以 $1：n$ 形式标注，如图 1-22(a) 所示。

$$锥度 = D/L = 2\tan(\alpha/2)$$

若物体为锥台，其锥度为：

$$锥度 = (D-d)/1 = 2\tan(\alpha/2)$$

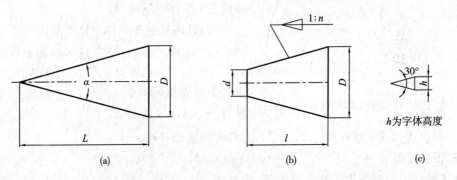

图 1-22　锥度及标注

三、椭圆的画法

常用的椭圆近似画法为同心圆法和四心圆法。

图1-23(a)是由长短轴作椭圆的一种画法:以O为圆心,长轴半径OB和短轴半径OC为半径分别作圆。由O作若干射线与两圆相交,再由各交点分别作长、短轴的平行线,即可相应的求出椭圆上的各点。最后用曲线板将这些点连成椭圆。

图1-23(b)是用四段圆弧连接起来的图形近似代替椭圆的方法。如果已知椭圆的长轴AB短轴CD,则其近似画法的步骤如下:

(1)连AC,以O为圆心,OA为半径画弧交CD延长线于E,再以C为圆心,CE为半径画弧交AC于F;

(2)作AF线段的中垂线分别交长、短轴于O_1,O_2,并作O_1,O_2的对称点O_3,O_4,即求出四段圆弧的圆心。分别以O_1,O_2,O_3,O_4为圆心,O_1A,O_2C,O_3B,O_4D为半径作弧画成近似椭圆,切点为K,K_1,N,N_1。

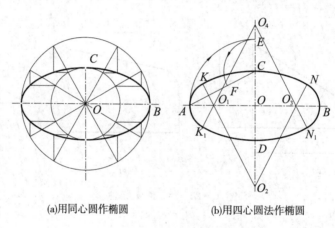

(a)用同心圆作椭圆　　　　(b)用四心圆法作椭圆

图1-23　常用椭圆的画法

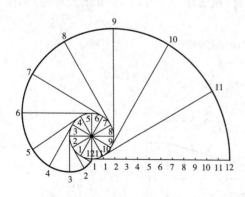

图1-24　圆的渐开线画法

四、圆的渐开线画法

已知圆的直径D,画渐开线的方法如图1-24所示:

(1)将圆周分成若干等份(图中为12等份),将周长πD作相同等份;

(2)过周长上各等份点作圆的切线;

(3)在第一条切线上,自切点起量取周长的一个等份($\pi D/12$)得点1;在第二条切线上,自切点起量取周长的两个等份($\pi D/6$)得点2;依此类推得点3,4,…,12;

(4)用曲线板光滑连接点1,2,3,…,12,即得圆的渐开线。

五、圆弧连接

在工程图中经常要用已知半径圆弧(称连接弧),光滑连接(即相切)已知直线或圆弧,如图1-25所示。为了保证光滑连接,关键在于正确找出连接弧的圆心和切点。

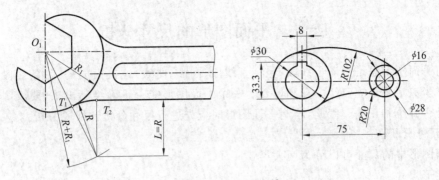

图 1-25　圆弧连接

1. 圆弧连接的作图原理

根据平面几何可知,圆弧连接作图有如下关系:

(1)半径为 R 的圆弧与已知直线Ⅰ相切,其圆心轨迹是距离直线Ⅰ为 R 的两条平行线 Ⅱ,Ⅲ,当圆心为 O 时,由 O 向直线Ⅰ作垂线,垂足 K 即为切点,如图 1-26(a)所示。

(2)半径为 R 的圆弧与已知圆弧(圆心为 O_1 、半径为 R_1)相切,其圆心轨迹是已知圆弧的同心圆,此同心圆半径 R_2 视相切情况而定,外切时, $R_2 = R_1 + R$,如图 1-26(b)所示。内切时, $R_2 = |R_1 - R|$,如图 1-26(c)所示。当圆心为 O 时,连接圆心的直线 O_1O 与已知圆弧的交点即为切点。

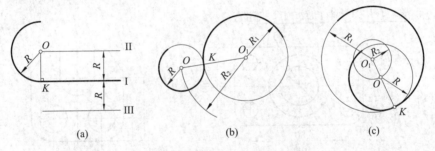

图 1-26　圆弧连接作图原理

2. 连接圆弧圆心和切点的作图示例

如图 1-27 所示。

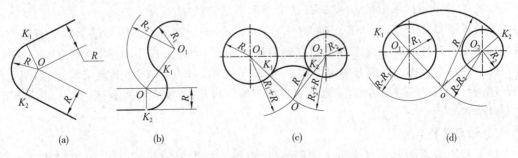

图 1-27　常见的圆弧连接作图

§1-4 平面图形的尺寸分析

任何平面图形总是由若干线段(包括直线段、圆弧、曲线)连接而成的,每条线段又由相应的尺寸来决定其长短(或大小)和位置。一个平面图形能否正确绘制出来,要看图中所给的尺寸是否齐全和正确。因此,绘制平面图形时应先进行尺寸分析和线段分析。

一、尺寸分析

平面图形中的尺寸可以分为两大类:

1. 定形尺寸

确定平面图形中几何元素形状和大小的尺寸称为定形尺寸,例如圆的直径及圆弧半径(图1-28(a)中的尺寸 $\phi40$、$\phi24$、$4 \times \phi10$ 及 $R5$),直线段的长度(图1-28(a)中的尺寸100)等。

2. 定位尺寸

确定几何元素位置的尺寸称为定位尺寸,例如圆心的位置尺寸,(图1-28(a)中孔的尺寸 $4 \times \phi10$ 的定位尺寸 40,80,图1-28(b)中的尺寸 29,10,22)。

标注定位尺寸时,必须先选好基准。标注尺寸时用以确定定位尺寸所依据的一些面、线或点,称为尺寸基准。在平面图形中,图形的长度方向和高度方向各有一个基准,(图1-28(a)所示)。

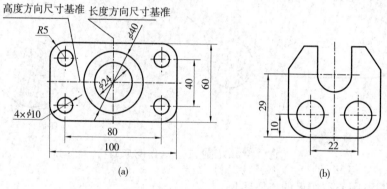

图 1-28 平面图形尺寸标注示例

以图1-29(a)所示图形为例,标注这个平面图形的尺寸。

先分析形状,确定尺寸基准。如图1-29(a)所示,由于这个平面图形的形状左右对称,因此选定左右对称的中心线作为长度方向的尺寸基准,高度方向不对称,以底边作为高度方向的尺寸基准。标注各部分的定形尺寸,如图1-29(b)所示。标注其定位尺寸,如图1-29(c)所示。最后按完整、清晰、正确的要求校核所注尺寸,如发现有遗漏、重复、不够清晰等应及时纠正。

二、线段分析

如果将直线看做是半径无穷大的圆弧,则以平面图形中的圆弧为例,可根据其尺寸是否齐全分为三类:

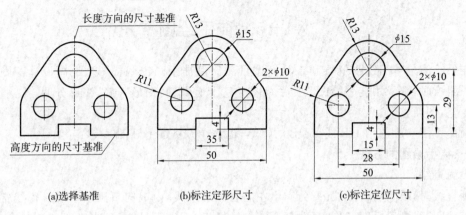

(a)选择基准   (b)标注定形尺寸   (c)标注定位尺寸

图 1-29 平面图形尺寸的分析与标注

1. 已知线段

具有齐全的定形、定位尺寸的线段称为已知线段。如已知圆心坐标(x,y)、半径 R 的圆弧及水平直线、垂直直线等。作图时可以根据已知尺寸直接绘出。

2. 中间线段

缺少一个定形、定位尺寸的线段为中间线段。通常缺少一个定位尺寸,而附加一个端点条件,依靠与相邻已知或已求解线段的几何约束关系求出。给定角度的倾斜直线为中间线段。

3. 连接线段

缺少两个定形、定位尺寸的线段称为连接线段。通常缺少两个定位尺寸,而附加两个端点条件,依靠与两相邻已知或已求解线段的几何约束关系求出。没有给定角度的倾斜直线为连接线段。

在画圆弧连接部分的线段时,如包含有已知线段、中间线段和连接线段,必须先画已知线段,然后画中间线段,最后画连接线段,如图 1-30(a)所示。具体作图步骤如图 1-30(b)所示。

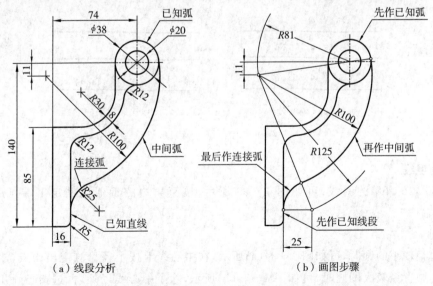

（a）线段分析   （b）画图步骤

图 1-30 圆弧连接部分的线段分析和画图步骤

§1-5 徒手绘图

徒手绘图是不用绘图仪器和工具而按目测比例徒手画出图样。当绘制设计草图以及在现场测绘时,都采用徒手绘图。徒手草图应基本上做到:图形正确,线形分明,比例均匀,字体工整,图面整洁。

画徒手图一般选用 HB 或 B、2B 的铅笔,也常在方格纸上画图。

一、徒手绘图的方法

1.画直线

画直线时,眼睛看着图线的终点,由左向右画水平线,由上向下画铅垂线。短线常用手腕运笔,画长线则以手臂动作,且肘部不宜接触纸面,否则不易画直,当直线较长时,也可用目测在直线中间定出几个点,然后分几段画出,如图 1-31 所示。

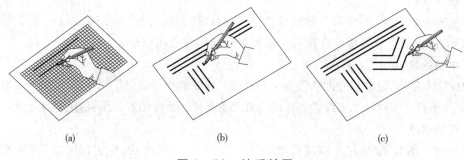

| (a) | (b) | (c) |

图 1-31　徒手绘图

2.等分线段

等分线段时,根据等分数的不同,应凭目测,先分成相等或一定比例的两段,然后再逐步分成符合要求的多个相等的小段如图 1-32 所示:

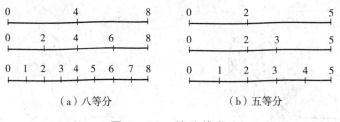

（a）八等分　　　　　　（b）五等分

图 1-32　等分线段

3.角度线

画 30°,45°,60°的斜线,可如图 1-33 所示,按直角边的近似比例定出端点后,连成直线。

4.圆

画直径较小的圆时,可如图 1-34(a)所示,在中心线上按半径目测定出 4 点,然后徒手连成圆。画直径较大的圆时,可如图 1-34(b)所示,除了中心线以外,再过圆心画几条不同方向的直线,在中心线和这些直线上按半径目测定出若干点,再徒手连成圆。

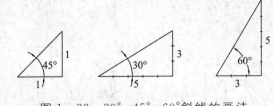

图 1－33　30°，45°，60°斜线的画法

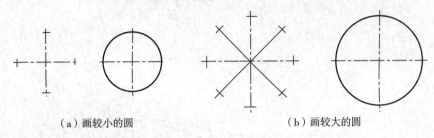

（a）画较小的圆　　　　　　　　　（b）画较大的圆

图 1－34　徒手画圆

5.椭圆

根据椭圆的长短轴，目测定出其端点位置，过四个端点画一矩形，徒手作椭圆与此矩形相切，如图 1－35 所示。

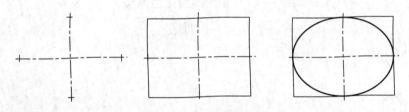

图 1－35　徒手画椭圆

二、目测的方法

在徒手绘制草图时，重要的是保持物体各部分的比例。在开始画图前，要对所测绘物体的长、宽、高的相对比例仔细拟定。画图时，要随时将所测定的线段与已拟定的线段进行比较，对于小型物体，用铅笔直接放在实物上测定各部分的大小，然后画出草图，如图 1－36 所示。对于大型物体的测量，可以按如图 1－37 所示的方法进行目测，即用手握一支铅笔进行目测度量，在目测时，人的位置要始终保持不动，手臂要伸直，人和物体的距离，要根据所需图形的大小来确定。

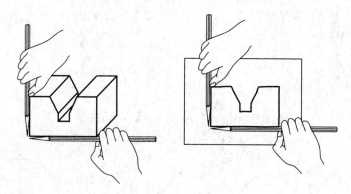

图 1-36　小型物体的测量

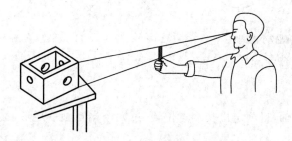

图 1-37　较大型物体的测量

第二章　组合体视图及其尺寸注法

工程中的机器零件,可视为由若干个简单的基本形体按一定的组合方式而抽象成的几何模型,通常称为组合体。

本章将学习组合体三视图的形成和投影特性、画组合体视图和读组合体视图的基本方法,以及组合体的尺寸标注等问题。

§2-1　三视图的形成及其特性

一、三视图的形成

如图 2-1(a)所示,在由相互垂直的投影面所构成的投影体系中,用正投影法所绘制出形体的投影,称为视图。在正投影面上的投影称为主视图;在水平投影面上的投影称为俯视图;在侧投影面上的投影称为左视图。把三投影面体系按规定的方法展开后得到了三视图,如图 2-1(b)所示。

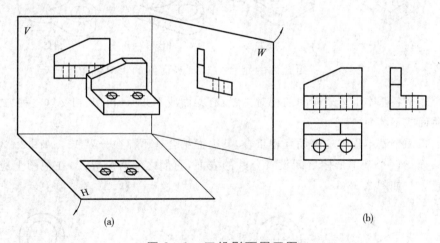

图 2-1　三投影面展开图

二、三视图的投影特性

如图 2-1(b)所示,三个视图的配置是以主视图为基准,俯视图在主视图正下方,左视图在主视图正右方。由三视图可以看出:主视图反映了形体左右、上下位置关系,即形体的长度和高度;俯视图反映了形体左右、前后位置关系,即形体的长度和宽度;左视图反映形体上下、前后位置关系,即形体的高度和宽度,由此可得出三视图的投影特性:主、俯视图反映形体的同一个长度,要长对正;主、左视图反映形体的同一个高度,要高平齐;俯、左视图反映形体的同一个宽度,要宽相等。通常归纳为:长对正、高平齐、宽相等。这个特性就是多面体正投影的投影规律,形体整体结构要符合投影规律,形体局部结构也要符合投影规律。三视图的投影规律是指导画图和读图的最基本理论。

§2-2　形体分析和线面分析

一、组合体的组合形式及其表面的相对位置

组合体组合形式如图2-2所示,可分为叠加、切割(包括穿孔)以及叠加和切割组合在一起的综合形式。

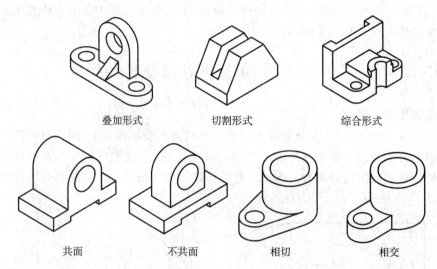

叠加形式　　　　切割形式　　　　综合形式

共面　　　　不共面　　　　相切　　　　相交

图2-2　组合体的组合方式及表面间的相对位置

组合体中各基本形体表面间的相对位置:有共面或不共面、相切、相交这三种方式。

1.共面或不共面

共面指两个基本形体的表面互相重合,其表面结合处不存在分界线。如图2-3(a)。

不共面指两个基本形体之间没有公共的表面,它们之间有分界线,在视图上应画出分界线的投影。如图2-3(b)。

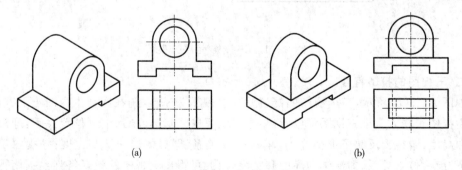

(a)　　　　　　　　　　　　　(b)

图2-3　组合体表面间的相对位置(共面与不共面)

2.相切

相切是指两个基本形体的表面光滑过渡,相切处不存在轮廓线,在视图上一般不画轮廓线的投影,如图2-4(b)所示。图2-4(a)是错误的画法。

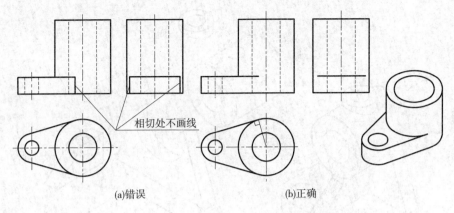

(a)错误   (b)正确

图 2-4　组合体表面间的相对位置(相切与不相切)

3. 相交

相交是指两个基本形体的表面相交,其交线(截交线或相贯线)是两表面的分界线,必须画出相交处交线的投影,如图 2-5 所示。

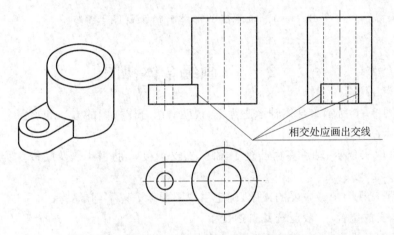

相交处应画出交线

图 2-5　组合体表面间的相对位置(相交)

二、组合体的形体分析法

组合体是由基本形体通过一定的组合形式而形成的。在画组合体视图的过程中,可以假想将组合体分解为若干基本形体,并对它们的形状及它们的相对位置进行分析,这种思考方法称为形体分析法。如图 2-6 所示的轴承座,可以将它看成是由五个部分组成:轴承座由凸台 1、轴承 2、支承板 3、肋板 4 以及底板 5 所组成,见图 2-6(b)。其中凸台与轴承是两个垂直相交的空心圆柱体,在外表面和内表面上都有相贯线;支承板、肋板和底板分别是不同的平板,支承板的左、右对称地与轴承的外圆柱面相切,肋板与轴承的外圆柱面相交,底板的顶面与支承板、肋板互相叠加相交。

由上可知,形体分析法就是将复杂的组合体,分为若干个简单的基本形体,它帮助我们正确地想象出形体的形状,为画图、读图和标注尺寸打下良好的基础。

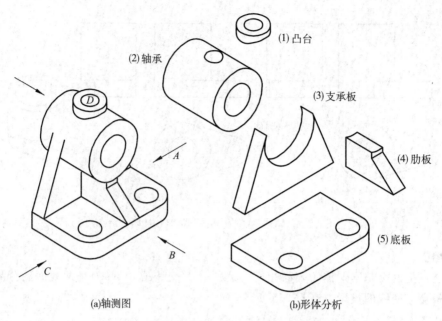

(2)轴承

(1)凸台

(3)支承板

(4)肋板

(5)底板

D

A

B

C

(a)轴测图

(b)形体分析

图 2-6   轴承座的形体分析及视图选择

§2-3   画组合体视图

下面以图 2-6 所示组合体轴承座为例,说明画组合体视图的方法和步骤。

（一）形体分析

如图 2-6(b)所示,轴承座由凸台 1、轴承 2、支承板 3、肋板 4 以及底板 5 所组成。

（二）选择主视图

主视图是三视图中最主要的视图,确定主视图要考虑以下问题:

(1)形体安放位置:一般应选其自然位置。

(2)主视图的投影方向:应该反映形体的主要形状特征。

(3)视图的清晰性:各图中虚线尽可能少。

在三个视图中,如图 2-6 所示,将轴承座按自然位置安放后,对箭头所示的 A,B,C,D 四个方向投影所得的视图进行比较,确定主视图。如图 2-7 所示,主视图的放置位置如图 2-6(a)所示,主视图的投影方向有 A,B,C,D 四个方向。若以 D 向作为主视图,虚线较多,显然没有 B 向清楚;C 向与 A 向视图虽然虚实线情况相同,但如以 C 向作为主视图,则左视图上会出现较多虚线,没有 A 向好;再比较 A 向与 B 向都符合上述三点要求,但二者相比较,以 B 向为佳,因为能更多地反映出轴承、支承板、凸台、肋板以及底板的形状特征、相互位置关系且虚线较少。所以确定以 B 向作为主视图的投影方向。主视图确定之后,其他视图投影方向也就随之确定了。

（三）画图步骤

1.选择比例确定图幅

为方便画图,一般采用 $1:1$ 的比例。根据所选择的比例及组合体的长、宽、高总体尺

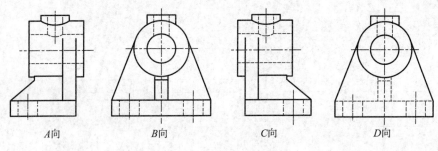

A向　　　　　　B向　　　　　　C向　　　　　　D向

图 2-7　主视图的投影方向

寸,计算视图所占的面积,并在视图之间留出适当距离及标注尺寸位置来确定合适的标准图幅。

2. 固定图纸

画图框、标题栏及进行布图时,根据测算出的三个视图大小及间距,画出各个视图的定位基准线及轴线、对称中心线。这样就确定了各个视图在图纸上的具体位置,如图 2-8 所示。

3. 按照形体分析的结果

逐个画出几何形体的三视图。一般先画主要的、较大的形体,再画其他部分。每画一个形体时,应先从反映实形或有特征的视图开始,再画其他视图。必须强调,每个形体的三视图应按投影规律作图,以保证各基本形体之间正确的相对位置及投影关系;注意形体表面的连接关系,正确作图。如图 2-8 所示。

4. 仔细检查修正错误

擦掉多余线条,按线型要求加深各图线。如图 2-8 所示。

5. 填写标题栏

§2-4　组合体尺寸注法

视图只能表达组合体的形状,定性地描述组合体的特征,而其真实大小及其相对位置,要通过标注尺寸来确定,尺寸定量地描述组合体的特征。标注组合体尺寸的基本要求是:完整、清晰、合理。

一、标注尺寸要完整

形体分析法是标注组合体尺寸的基本方法。因此,运用形体分析法将组合体分解为若干个基本形体,标注基本形体的定形尺寸。依据各形体间的相对位置,再标注出定位尺寸。

1. 定形尺寸

确定形体形状大小的尺寸。在三维空间中,定形尺寸一般包括长、宽、高三个方向的尺寸。由于各基本形体的形状特征不同,因而定形尺寸的数量也各不相同。图 2-9 给出了常见基本形体的尺寸数量及其标注方法。

2. 尺寸基准和定位尺寸

(1)尺寸基准

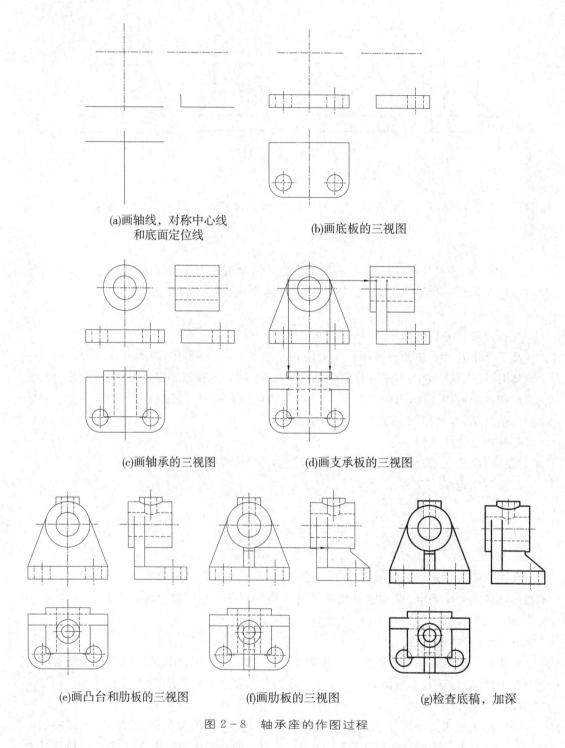

(a)画轴线，对称中心线
和底面定位线

(b)画底板的三视图

(c)画轴承的三视图

(d)画支承板的三视图

(e)画凸台和肋板的三视图

(f)画肋板的三视图

(g)检查底稿，加深

图 2-8　轴承座的作图过程

标注尺寸的起点称为尺寸基准,组合体应有长、宽、高三个方向的尺寸基准。一般选取组合体(或基本形体)对称平面、主要回转体的轴线、底面或重要端面作为尺寸基准。图 2-10 给出了组合体三个方向的尺寸基准,分别用长、宽、高表示。

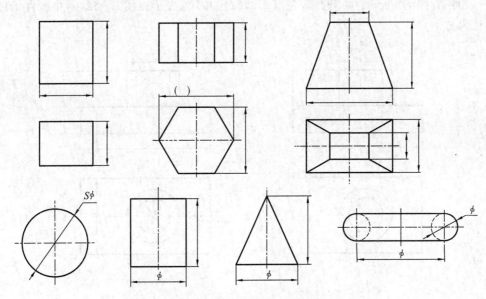

图 2-9　常见基本形体的尺寸标注

* 加括号的尺寸可以不标注,但生产中为了下料方便又会注上,称为参考尺寸。

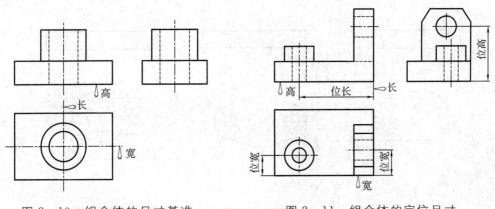

图 2-10　组合体的尺寸基准　　　　　图 2-11　组合体的定位尺寸

(2)定位尺寸

确定组合体中各个基本形体间相对位置的尺寸,如图 2-11 所示,把⇧长、⇧宽、⇧高各个方向的定位尺寸分别用位长、位宽、位高表示。

两个形体间的定位尺寸沿坐标轴方向有三个。若两个形体间在某一方向上处于叠加、挖切、靠齐、对称、同轴之一时就可省略一个定位尺寸。

3.总体尺寸

对于零件来讲,由于实际生产上的需要,还必须标注总体尺寸:总长、总宽、总高。当总体尺寸与其他尺寸重复时,这时就要对已标注的定形尺寸和定位尺寸作适当调整。如图 2-12 所示,为了表示组合体外形的总体大小,标注总长、总宽、总高。必须注意,如果组合体的定形尺寸和定位尺寸已标注完整,如图 2-14 中主视图上的高度尺寸,标注总高尺寸,则应

29

减去一个同方向的定形尺寸。例如,在图 2-12(b)中,减去了在图 2-12(a)中所注的圆柱体高度尺寸。

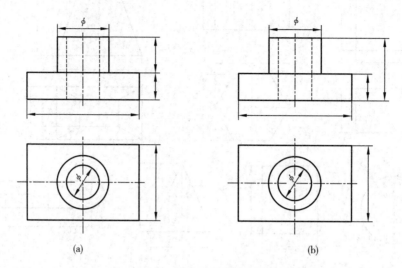

图 2-12 减少定形尺寸的情况

图 2-13 列出了常见的端盖、底板和法兰盘的尺寸注法示例。

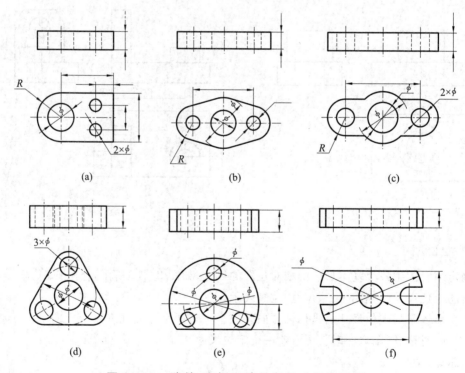

图 2-13 端盖、底板和法兰盘尺寸标注示例

二、标注尺寸要清晰

标注组合体的尺寸时,除了要求完整外,为了便于读图,还要求标注得清晰。要使尺寸

标注清晰,应注意以下几个方面:

1. 遵守尺寸注法的国家标准各有关规定

要注意排列整齐,同一方向连续标注的几个尺寸应尽量配置在少数几条线上,如图2-12(b)所示。

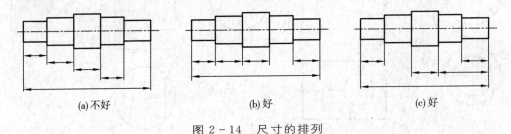

(a)不好   (b)好   (c)好

图2-14　尺寸的排列

2. 尺寸尽量标注在形状特征明显的视图上

如图2-15所示。

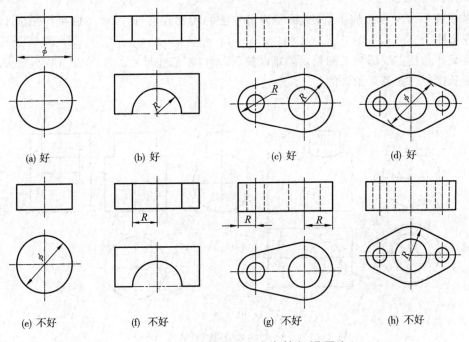

(a)好　　　　(b)好　　　　(c)好　　　　(d)好

(e)不好　　　(f)不好　　　(g)不好　　　(h)不好

图2-15　尺寸的标注(注在特征视图上)

3. 集中标注

为了读图方便,把有关联的尺寸尽量集中标注在某一个视图上,或两相关视图之间,如图2-16所示。

4. 尺寸应尽可能注在视图外

尺寸线与尺寸界线不要交叉,大的尺寸应注在外边,小尺寸注在里边,且排列整齐,如图2-12所示。

5. 尺寸应尽量避免标注在虚线上

31

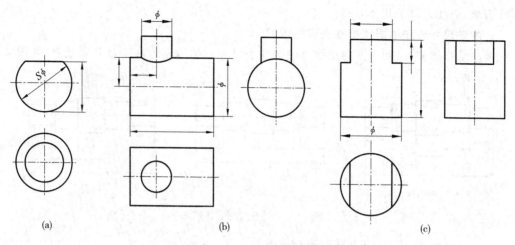

图 2−16　尺寸集中标注

三、尺寸标注要合理

尺寸的标注要考虑加工方法、检验测量方法的需要和可行性,要考虑机件加工中产生的误差影响。

截交线和相贯线的加工测量误差难以控制,所以不标注尺寸。如图 2−17 所示,R,ϕ 和截切面长度等注法都是错误的。

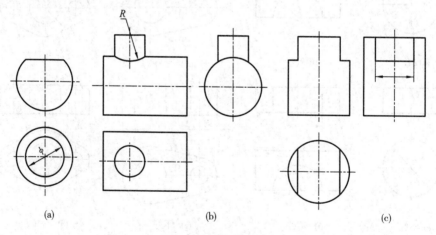

图 2−17　截交线和相贯线不应注尺寸

四、标注组合体尺寸的步骤与方法

下面以图 2−18 所示的轴承座为例说明组合体尺寸标注的方法步骤。

1. 形体分析

如图 2−18(a)所示,将轴承座分解为五个组成部分:(1)底板,(2)轴承,(3)支承板,(4)凸台,(5)肋板。

2. 选择尺寸基准

如图 2−18(b)所示。由于轴承座左、右对称,所以,选取其对称面作为长度方向的尺寸基准,选取底板后端面作为宽度方向的尺寸基准,选取底板的底面作为高度方向的尺寸基准。

3. 标注定形尺寸和定位尺寸

一般先标注组合体中最主要形体的尺寸,再标注与它有关的其他部分形体的尺寸。

(1)底板

如图 2-18(a)所示,注出底板的定形尺寸 90,60,14 及 $R16,2×\phi18$。从长、宽、高的基准出发注出定位尺寸 44,58。

(2)轴承

如图 2-18(b)所示,注出轴承的定形尺寸 $\phi26,\phi50,50$。从长、宽、高的基准出发注出轴承的定位尺寸 60,7。

(3)支承板

如图 2-18(c)所示,注出支承板的定形尺寸 12。

(4)凸台

如图 2-18(d)所示,注出凸台的定形尺寸 $\phi14$ 和 $\phi26$,90。从长、宽、高的基准出发注出凸台的定位尺寸 26。

(5)肋板

如图 2-18(e)所示,注出肋板的定形尺寸 12,26,20。

4. 标注总体尺寸

如图 2-18(f)所示,标注了组合体各基本形体的定位尺寸和定形尺寸以后,对于整个轴承座还要考虑总体尺寸的标注。如图 2-17(a)和 2-17(b)所示,轴承座的总长和总高都是 90 在图中已经注出。总宽尺寸应为 67,但是这个尺寸不宜直接注。

5. 校核

最后,对已标注的尺寸,按正确、完善、清晰的要求进行检查,如有不妥,则作适当修改或调整,这样才完成了标注尺寸的工作。如图 2-18(f)所示。

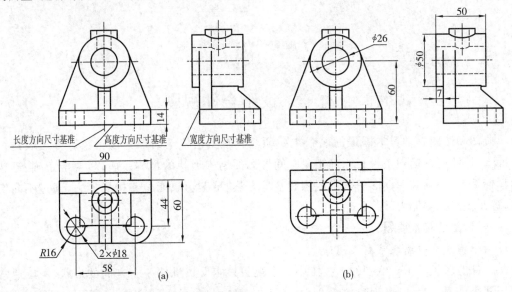

图 2-18 标注轴承座的尺寸

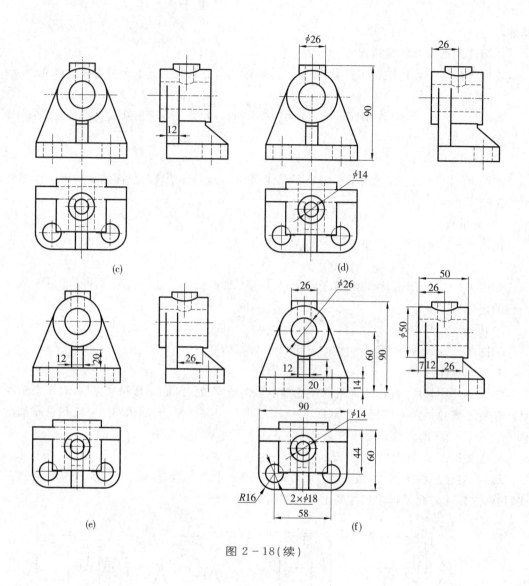

图 2-18(续)

§2-5 读组合体视图

画图和读图是学习本课程的两个主要环节。画图是将空间形体按正投影方法表达在平面上;读图则是运用正投影原理想象空间形体的结构形状的过程。所以,要能正确、迅速地读懂视图,必须掌握读图的基本要领和基本方法,培养想象能力和构思能力,通过不断实践,逐步提高读图能力。

一、读图的基本要领

(一)将各个视图联系起来阅读

机件的形状是千差万别的。投影中每个视图只能反映机件一个方向的形状,所以通常要用几个视图来表达其形状,如图 2-19 所示。因为一个视图可以是几种形状的形体的投影,有时,即使用两个视图也不能确定形体的形状。它必须包括给出形状特征的视图,才能

34

确定形体的形状。如图2-20所示的形体,它们有相同的主、俯视图,但不能确定其左视图的形状。

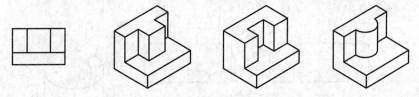

图2-19　一个视图表示组合体的形状与结构

图2-21所示配上不同的左视图,就可以表示出许多不同形状的组合体。因此常用三个视图来确定组合体形状与结构。

在读图时,必须将各个视图联系起来阅读、分析、构思,才能想象出视图所表示形体的形状。

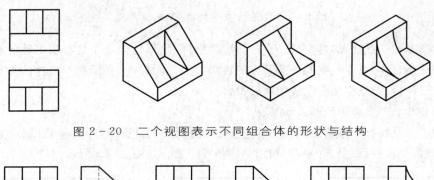

图2-20　二个视图表示不同组合体的形状与结构

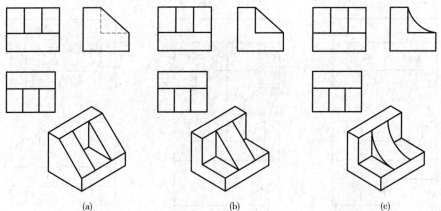

(a)　　　　　　　　(b)　　　　　　　　(c)

图2-21　三个视图可确定组合体的形状与结构

(二)明确视图中的线框和图线的含义

一般情况视图中每个封闭线框,通常都是形体上一个表面(平面或曲面)或孔的投影。视图中每条图线可能是平面或曲面的积聚投影,也可能是线的投影。因此,必须将几个视图联系起来对照分析,以明确视图中线框和图线的含义。如图2-22,图中的图线有:a——曲面转向轮廓线的投影、b——面与面交线的投影、c——有积聚性面的投影;图中线框:d——曲面的投影、e——平面的投影、f——表示孔的投影。

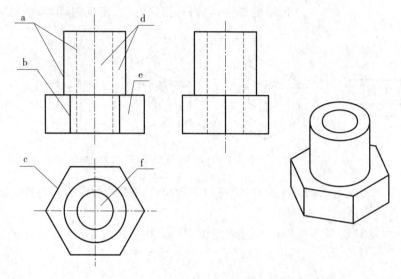

图 2-22 视图中线框和图线的含义

投影图上的一点,可能是空间一点的投影,也可能是形体上一条线有积聚性的投影;投影图上的一条直线,可能是空间一条直线的投影,也可能是一个平面有积聚性的投影;投影图上一个线框,可能是空间平面或曲面的投影。

(三)分析相邻表面间的相互位置

视图上一个线框一般情况表示一个平面(或曲面)。若两个线框相连或线框内仍有线框,就出现两个面前后、上下(左右)和相交等相互位置。如图 2-23 所示。

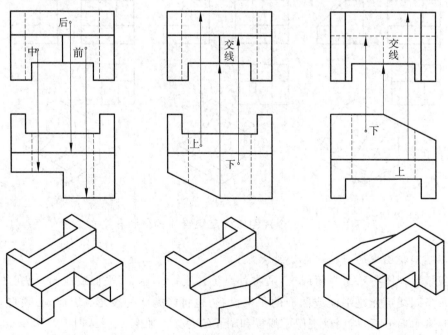

图 2-23 相邻表面间的相互位置

（四）投影的类似性

所谓类似性，一般指一个 n 边形的平面，它的非积聚性的投影仍为 n 边形，这种性质称为类似性。正投影所得的平面图形类似形，保持了正投影中平行性的规律，且具有保凸性的特点。如图 2-24 所示，在平面非积聚投影中，利用类似性可以正确分析和验证平面投影的正确性。

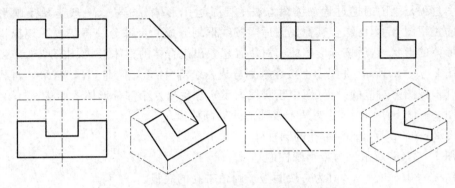

图 2-24　投影的类似性

在实际应用中，如果将曲面体中的转向线在各投影中均显现出，则曲面在各投影中也可以用类似形来分析和验证其投影的正确性。如图 2-25 所示，类似形中直线的投影仍为直线，曲线的投影仍为曲线，空间平行两条线的平行性规律不变。

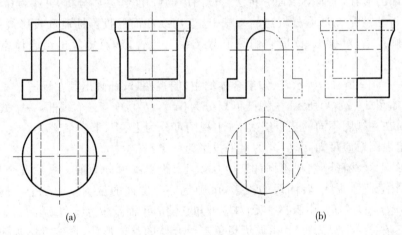

(a) (b)

图 2-25

二、读图的基本方法

读图的关键任务，一要确定基本体形状，二要确定基本体位置。在确定形状时，多以形体分析法为主，确定位置时，可辅以线面分析。对各视图的分析，可采取如下步骤：

1. 对线框，分析位置

借助于投影对应的简单叠加或切割，确定线框对应几何元素的位置关系。应用中可借助体上的沟、孔、槽等到小结构的投影确定其位置。

2. 找投影，认识形体

按投影规律及其逻辑关系，识别投影所表达的基本体形状。应用中可在投影中添加辅助线将立体分割或去除沟、孔、槽等小结构以简化形体。

3.对视图,合成整体

对应视图,按位置将所识别的各基本体组合成整体,处理相互之间的交线及轮廓线。应用中可借助轴测图来检验交线的处理。

(一)形体分析法

读图过程是画图的逆过程。读图方法主要是运用形体分析法。一般是从反映形体形状特征的主视图着手,再结合其他视图适当按线框划分成几个部分。再按投影规律构思出各部分形体的形状,然后按其形体的相对位置想象出组合体的整体形状,如图 2-26 所示。

如图 2-26(a)所示,在视图上按线框划分成六个部分:Ⅰ,Ⅱ,Ⅲ,Ⅳ,Ⅴ,Ⅵ。再找出每部分在其他视图上对应的投影(图中粗实线表示),想象出六个部分形体的形状。

如图 2-26(b)所示Ⅰ,Ⅱ为两个带孔的同轴圆柱体。

如图 2-26(c)所示Ⅲ为带孔的圆柱体。

如图 2-26(d)所示Ⅳ为带半圆柱的耳子。

如图 2-26(e)所示Ⅴ,Ⅵ为一块肋板及圆角带孔的底板。

综合想象:按各部分想象出的形体及视图中表明的相对位置,综合起来,就可以想象出形体的形状,如图 6-26(f)所示。

(二)线面分析法

在读图时,对比较复杂的组合体,不易读懂的部分,还常使用线面分析法来帮助想象和读懂这些局部的形状,下面对线面分析法在读图中的应用,作一些分析,并举例说明。

线面分析法就是在形体分析法的基础上,运用线和面的投影性质和投影规律,然后在视图上通过画线框、对投影,读懂它们的形状及相对位置,从而想象出组合体空间形状的方法。

例 2-1 如图 2-27 所示,已知组合体的主、俯视图,试补画出其左视图。

[分析]如图 2-27(a)所示,主视图可划分为 (a'),(b'),(c') 三个线框,一个线框表示一个面,每一面在主视图不同的三个层次上(主视图可分为上、中、下三个层次)。

由主、俯视图对应可知 a',b',c' 的水平投影为三条线。

俯视图的七个线框分别在不同的三个层次上(俯视图可分为前、中、后三个层次)。对应主、俯视图中圆孔(虚线)转向线的投影,可确定每个层面的位置。这七个线框的水平投影为 d_1,d_2,e,f,g,h_1,h_2,由俯、主视图对应可知它们的正面投影为 d_1',d_2',e',f',g',h_1',h_2' 七条线(有三条线为半圆弧线)。由此可想象出组合体的整体形状,再按投影规律补画出左视图。

例 2-2 已知图 6-28(a)所示压板的主、俯视图,试补画出其左视图。

[分析]:图 2-28(a)所示的主视图中有三个封闭线框 a',b',c',对应俯视图中压板前半部三个平面 A,B,C 积聚成直线的投影 a,b,c。可以看出,A 和 C 是正平面,B 是铅垂面。从图 2-28(a)所示的俯视图可知,这块压板是前后对称的。再分析俯视图中两个封闭线框 d 和 e,对应主视图中两个平面 D 和 E 积聚成直线的投影 d' 和 e'。显然,D 是正垂面,E 是水平面;而压板前半部在虚线之前的封闭线框 f,对应主视图中平面 F 积聚成直线的投影 f',也明显表示出 F 是水平面。因此,我们可以想象压板是一长方体,其左端被三个平面截切(一个正垂面 D,两个铅垂面 B),底部则分别被前后对称的两个平面(前面是正平面 C 和

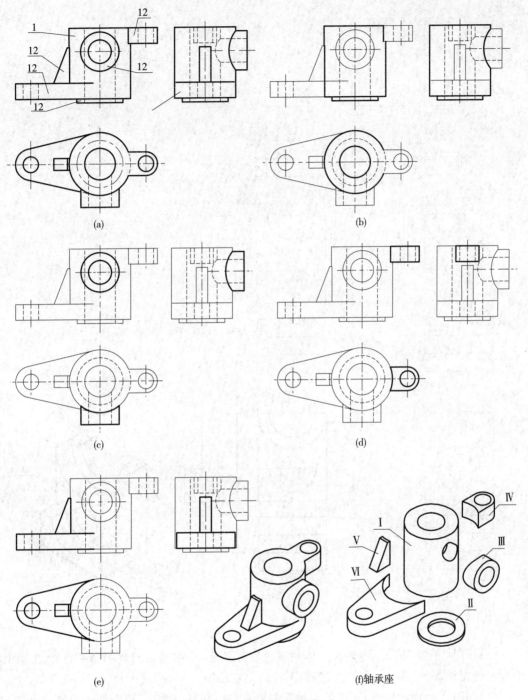

图 2-26 读轴承座

水平面 F) 截切,如图 2-28(b)所示。

  作图步骤如下:

  (1)如图 2-28(a)所示,在长方体的左上方被正垂面截切掉一个角。由主视图、俯视图补画出左视图。

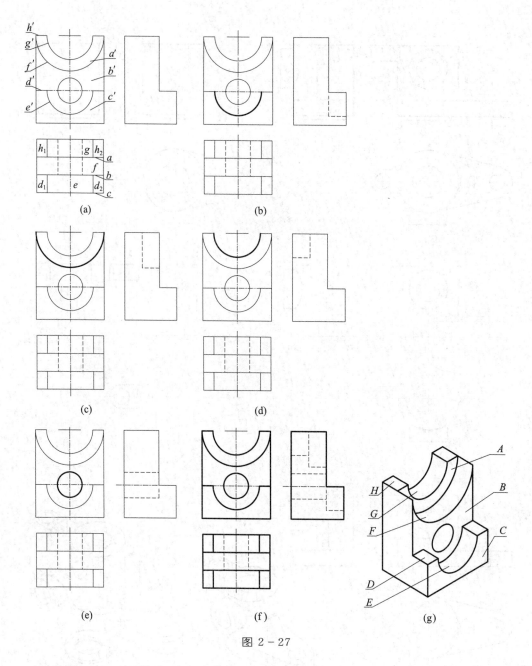

图 2-27

(2)如图 2-28(b)所示,当长方体被正垂面截切后,再被前后对称的铅垂面截切,按图中所示的宽相等 Y_1,Y_2,由主视图、俯视图补画出左视图。

(3)如图 2-28(c)所示,在已被正垂面和铅垂面截切的基础上,再在底部分别被前后对称的水平面 F,F_1 和正平面 C,C_1 截切掉前后对称的两块,按投影规律由主视图及俯视图补画出左视图。

(4)如图 2-28(d)所示,上下挖切掉同轴圆柱孔。

(5)综上所述,对压板主、俯视图作线面分析,并逐步补画出它的左视图,就可清晰地想象出压板的整体形状,补出压板的左视图。如图 2-28(e)所示。

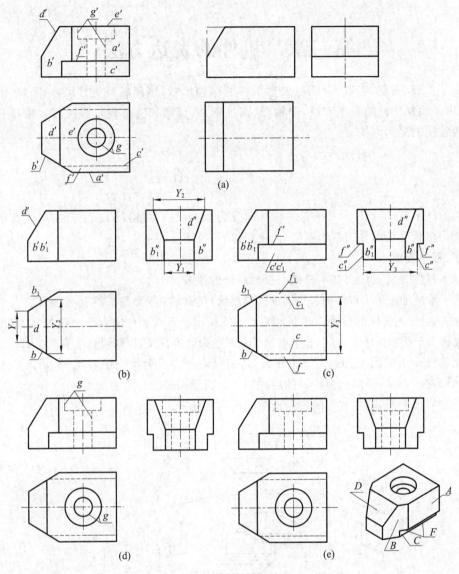

图 2-28 读压板主、俯视图画其左视图

在对立体切割的过程中,当切割平面与立体相交所产生的截切面在投影中不积聚时,会出现十分明显的类似形。如图 2-29 所示,利用其规律,可以方便地确定截切面形状。

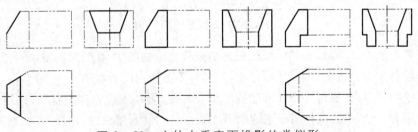

图 2-29 立体中垂直面投影的类似形

第三章　机件的表达方法

为了正确、完整、清晰、简练地表达机件的结构形状,国家标准《技术制图》与《机械制图》规定了绘制图样的基本方法,即视图、剖视图、断面图和其他规定画法等。本章介绍其中一些常用的表达方法。

§3-1　视图

视图(GB/T 17451—1998)是将机件向投影面投射所得的图形。主要用来表达机件的外部结构形状。视图分为基本视图、向视图、局部视图及斜视图。

一、基本视图

基本视图是将机件向基本投影面投射所得的视图。

为了清楚地表示出机件的各个面的外部形状,在原三个投影面基础上,增加了三个新投影面,组成一个正六面体的投影面体系,如图 3-1 所示。正六面体的六个面称为基本投影面。机件放在六个投影面体系中间,分别向六个基本投影面进行投射,得到六个基本视图。

除前面介绍过的主、俯、左三视图外,还有从右向左投射得到的右视图;从下向上投射得到的仰视图;从后向前投射得到的后视图。各投影面的展开方法如图 3-1 所示。其中后视图所在的投影面,随左视图的投影面一起向右后展开。

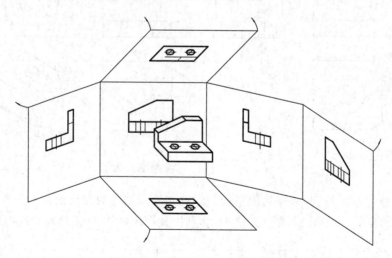

图 3-1　各投影面的展开方法

六个基本视图展开后,在同一张图纸内的配置关系如图 3-2 所示。基本视图之间应保持相应的投影关系。按图 3-2 所示配置视图时,不标注视图的名称。

实际绘图时,应根据机件形状和结构的复杂程度,以及表达方法的特点,选用必要的基本视图。图 3-3 所示的泵体采用了四个基本视图(主视图、俯视图、左视图、右视图)较好地表达了该泵体。

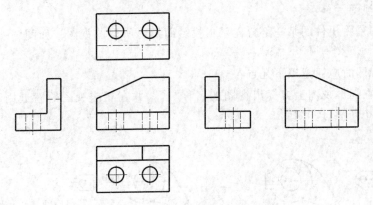

图 3-2 六个基本视图的配置

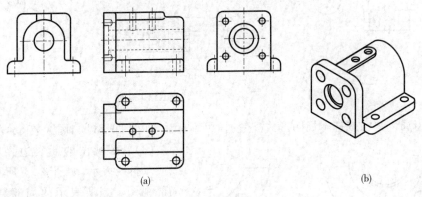

(a)   (b)

图 3-3 基本视图的选用

二、向视图

向视图是可以自由配置的基本视图。有时为了合理地利用图幅,或一个机件的基本视图不按基本视图的规定配置时可自由配置,但应在视图上方标注"×"(×为大写拉丁字母)。在相应视图的附近用箭头指明投影方向,并标注相同字母。如图 3-4 所示。

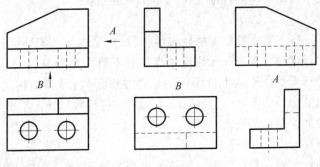

图 3-4 向视图

图 3-4 中,在主视图上标出了 A,B 二个向视图的投影方向,该二个向视图可自由配置。在 A 向视图附近标出了 C 投影方向,根据视图的关系,可以分析出 C 向视图为后视图。

三、局部视图

局部视图是将机件的某一部分向基本投影面投射所得的视图。如图 3-5 中机件的局部视图 A，B。

画局部视图时应注意以下几点：

（1）一般在局部视图上方标出视图的名称"×"，并在相应视图的附近用箭头指明投影方向，并标注相同字母。如图 3-5 所示。

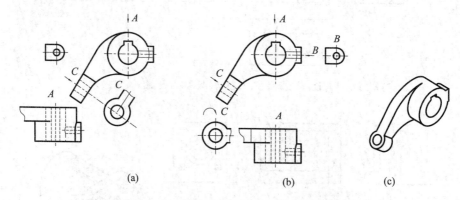

图 3-5　压紧杆的局部视图和斜视图

（2）当局部视图按基本视图形式配置时，可不标注，如图 3-5(b)、图 3-7(b)所示。

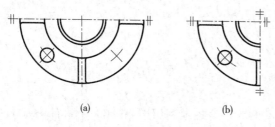

图 3-6　对称机件的局部视图

（3）局部视图的断裂边界应以波浪线或双折线表示，如图 3-5 所示的 A 向局部视图。当所表示的局部结构完整，外轮廓线封闭时，断裂边界线可以省略不画，如图 3-5 所示的 B 向局部视图。

（4）为了节省绘图时间和图幅，可将对称机件的视图画成一半或四分之一，其断裂边界线为细点画线，并在细点画线的两端画出两条与其垂直的平行细实线，如图 3-6 所示。

四、斜视图

当机件上有不平行于基本投影面的倾斜结构时，用基本视图不能表达这部分结构的实形和标注真实尺寸，给绘图、看图和标注尺寸都带来不便。为了表达该结构的实形，可选用一个与倾斜结构平行且垂直于基本投影面的辅助投影面，将倾斜结构向该投影面投射，从而得到倾斜部分的实形。如图 3-5 及图 3-7 所示。这种将机件向不平行于任何基本投影面的平面投射所得的视图称斜视图。

画斜视图时应注意以下几点：

（1）画斜视图时，必须在视图的上方标注出视图的名称"×"，并在相应的视图附近用箭头指明投影方向，箭头要垂直于倾斜结构轮廓表面。并注上同样的字母"×"。

（2）斜视图一般按投影关系配置，必要时可配置在其他适当的位置。在不致引起误解时，允许将图形旋转。旋转符号是半径为字体高度的半圆弧，其箭头指向应与旋转方向一致，字母应写在旋转符号的箭头端。若需给出旋转角度时，角度应注写在字母之后，如图 3-7(b)(Ⅱ)所示。

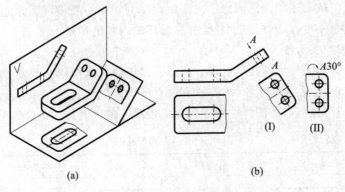

(a)

(b)

图 3 - 7　斜视图

　　(3)斜视图用于表达不平行基本投影面的倾斜部分的局部结构,其余部分可用波浪线或双折线断开。当局部结构完整,外轮廓线封闭时,可以省略波浪线或双折线。

§3－2　剖视图

　　当机件的内部结构形状比较复杂时,视图上就会出现很多虚线,从而影响了图形表达的清晰和层次感,不便于看图,也不便于标注尺寸,如图 3 - 8(a)所示。为了清晰地表达机件的内部结构形状,GB/T 17452—1998 规定可采用剖视图来表达机件的内部结构形状。

一、剖视图的概念

　　假想用剖切面剖开机件,将处于观察者和剖切面之间的部分移去,而将剩余部分向投影面投射所得到的图形称为剖视图,可简称剖视,如图 3 - 8(b)所示。

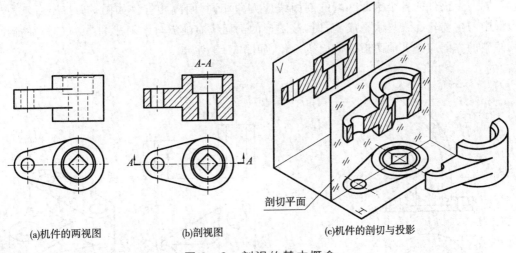

(a)机件的两视图　　　　(b)剖视图　　　　(c)机件的剖切与投影

图 3 - 8　剖视的基本概念

二、剖视图的画法

1.剖视图的基本画法

(1)画出机件的视图。

(2)选择剖切面及投影方向,并根据规定作出标注。

剖切面是剖切被表达机件的假想平面或曲面。剖切面一般要尽量通过机件内部的孔、沟槽等结构的轴线或对称线，以减少虚线并尽量反映内腔的实形。

(3)剖面区域的表示法

剖面区域是剖切面与机件接触的部分。每一次剖切可能得到一个或多个剖面区域。

剖面区域上应填充剖面符号，各种材料具有不同的剖面符号，特定剖面符号由相应的标准确定。必要时，也可以在图样中用图例方式说明。各种材料的剖面符号见表3-1。

表 3-1 剖面符号

材料类型	剖面符号	材料类型	剖面符号	材料类型	剖面符号
金属材料（已有规定剖面符号者除外）		非金属材料（已有规定剖面符号者除外）		木材纵剖面	
玻璃及供观察用的其他透明材料		型砂、填砂、粉末冶金、砂轮、陶瓷刀片、及硬质合金刀片等		线圈绕组元件	
混凝土		钢筋混凝土		液体	
转子、电枢、变压器和电抗器等的叠钢片		网格		胶合板	

同一个机件的各个剖面区域的剖面线应方向相同，间隔相等。如图3-8(c)所示。当图形中的主要轮廓线与水平成45°时，该图形的剖面线应画成与水平成30°或60°的平行线，其倾斜的方向应与其他图形的剖面线一致，如图3-9所示。

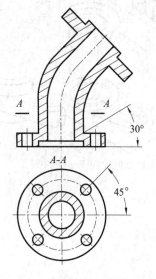

图 3-9 剖面线画成30°斜线

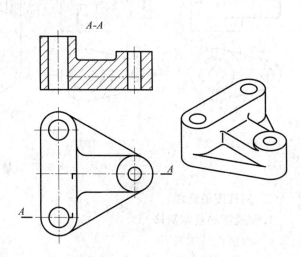

图 3-10 剖视图中的虚线

46

（4）视图中剩余线条的取舍

由于剖视图是假想把机件剖开，所以当一个视图画成剖视时，其他视图的投影不受影响，仍按完整的机件画出。在剖视图中，对于已经表达清楚的结构，其虚线可以省略不画。对于没有表达清楚的部分，可以用虚线画出。如图 3－10 所示。

2.剖视图的标注

剖视图一般需要标注，标注的目的是为了看图时，了解剖切位置和投影方向，便于找出投影的对应关系。剖视图一般用剖切符号、投影方向和字母进行标注。

（1）剖切线

剖切线是指示剖切面位置的线（细点画线）。

（2）剖切符号

剖切符号是指示剖切面起、止、转折位置［用长度为（5～10）mm 的粗线表示］及投射方向（用箭头表示）的符号。

（3）剖视图名称

在剖视图的上方用大写字母水平标出剖视图的名称"×—×"。在箭头的外侧和表示转折的剖切符号附近用相同的大写字母水平标注。

剖切符号、剖切线和字母的组合标注如图 3－11（a）所示。剖切线也可以不画，如图 3－11（b）所示。

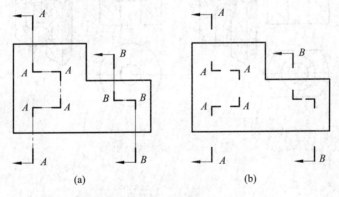

图 3－11　剖切标注

3.剖视图标注的省略和剖视图的简化

在下列情况下，剖视图的标注可以省略或对其画法进行简化：

（1）当剖视图与原视图按投影关系配置，中间又无其他图形隔开时，可以省略箭头，如图 3－9 所示；

（2）当剖切平面与机件对称面完全重合，而且剖视图按投影关系配置，中间又无其他图形隔开时，可以省略标注，如图 3－10 所示。

三、剖视图的种类

按照剖切面剖开机件的范围的大小不同，可以将剖视图分为全剖视图、半剖视图和局部剖视图三种。

1.全剖视图

用剖切平面完全地剖开机件所得到的剖视图，称为全剖视图，如图 3－12 所示。全剖视

47

图主要用于表达内部结构比较复杂、外形相对简单的不对称机件。对于外形简单且有对称平面的机件,也常采用全剖视图,如图 3-13 所示。

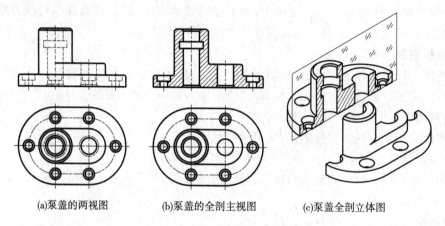

(a)泵盖的两视图   (b)泵盖的全剖主视图   (c)泵盖全剖立体图

图 3-12　全剖视图的画法示例

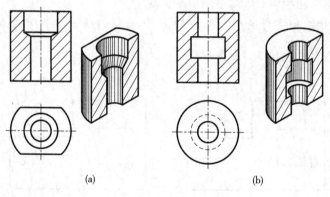

(a)   (b)

图 3-13　全剖视图

2. 半剖视图

当机件具有对称平面时,在垂直于对称平面的投影面上所得的图形,以对称中心线为界,一半画成剖视图、一半画成视图,这种剖视图称为半剖视图。如图 3-14 所示。

当机件的形状接近于对称时,且不对称部分已由其他视图表达清楚时,可以画成半剖视图,如图 3-15 所示。

画半剖视图时应注意:

(1)半剖视图中,视图部分与剖视图部分的分界线是细点画线,不能画成粗实线。

(2) 由于机件对称,内形已在剖视部分表达清楚,所以在表达外部形状半个视图中虚线可以省略不画。

(3)半剖视图的标注与全剖视图相同。

3. 局部剖视图

用剖切平面局部地剖开机件所得到的视图,称为局部剖视图。如图 3-16 所示。

视图被局部剖切后,其断裂处用波浪线(或双折线)表示。局部剖视图中的波浪线(或

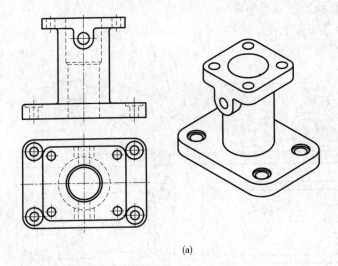

(a)

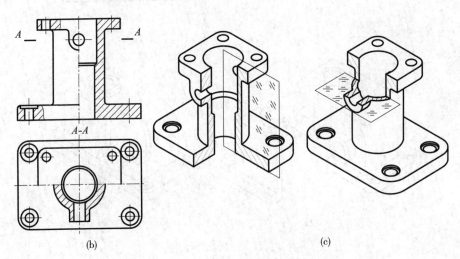

(b)

A —— —— A

A-A

(c)

图 3 - 14　半剖视图

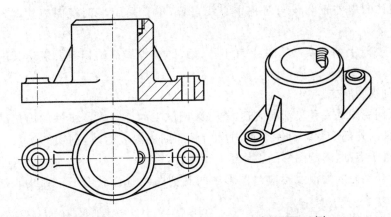

图 3 - 15　机件形状接近对称，半剖视图示例

双折线)作为视图与剖视图部分的分界线。

局部剖视图一般适用于下列几种情况：

(1)机件的内外形均需表达，但因不对称而不能采用半剖视图时，如图 3-16 所示。

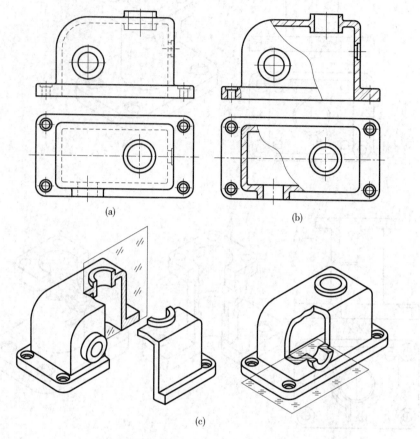

图 3-16　局部剖视图

(2)外形较复杂，又要表达内形且不宜采用全剖视图时。

(3)当机件的内外轮廓线与对称中心线重合，不宜采用半剖视图表达时，如图 3-17 所示。

(4)轴、连杆、手柄等实心零件上有小孔、槽、凹坑等局部结构需要表达其内形时，常用局部视图表示，如图 3-18 所示。

画局部剖视图时应注意：

(1)局部剖视图是一种灵活的表达方法，采用剖视的部分表达机件的内部结构，未剖的部分表达机件的外部形状。对一个视图采用局部剖视图表达时，剖切的次数不宜过多，否则会使图形过于零乱，影响图形的整体性和清晰性。

(2)表示断裂处的波浪线不应与图形中的其他图线重合或位于轮廓线的延长线上，如图 3-19 所示。

(3)绘制波浪线时的起止点都应在边界轮廓线上，且不能穿过通孔，也不能超出图形轮廓线，如图 3-20 所示。

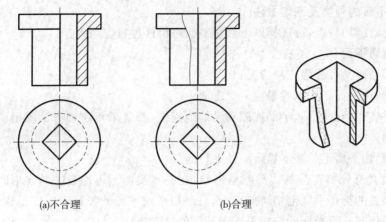

(a)不合理   (b)合理

图 3-17   局部剖视图适宜的情况

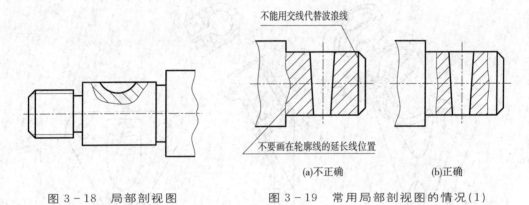

图 3-18   局部剖视图   图 3-19   常用局部剖视图的情况(1)

(4)对于剖切位置明显的局部剖视,一般可省略标注。若剖切位置不够明显时,则应进行标注,如图 3-21 所示。

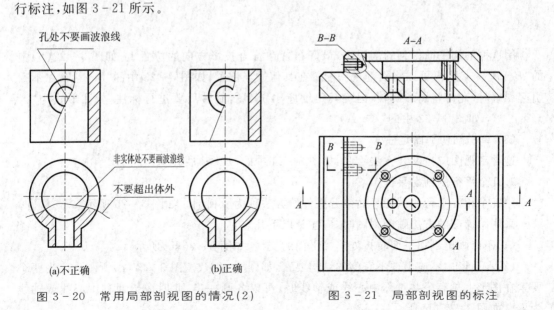

(a)不正确   (b)正确

图 3-20   常用局部剖视图的情况(2)   图 3-21   局部剖视图的标注

四、剖切平面的种类及剖切方法

根据机件的结构特点,可选择以下剖切平面对机件进行剖切表达。

1. 单一剖切平面

单一剖切平面又可分为三种情况:

(1)单一剖切平面是基本投影面的平行面

前面所讲述的全剖视图、半剖视图和局部剖视图,都是采用这种方法画出的,这些是最常用的剖视图。

(2)单一剖切平面不是基本投影面的平行面

当机件上具有倾斜部分的内部结构形状,在基本视图上不能反映其实形时,可选择与基本投影面倾斜的剖切平面剖切,再投影到与剖切平面平行的投影面上以得到实形。这种用不平行于任何基本投影面的剖切平面剖开机件的方法称为斜剖。如图 3-22 所示。

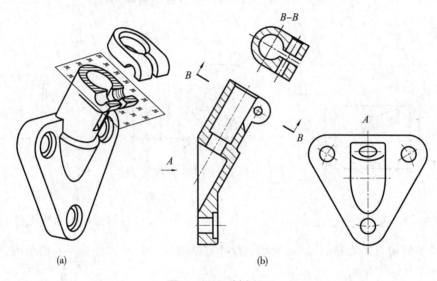

图 3-22 斜剖(1)

用这种剖切平面得到的剖视图,最好布置在符合投影方向的位置上,如图 3-22(b)中的"$B-B$"。必要时可以将斜剖视图配置在其他适当位置,如图 3-23 中的"$A-A$",在不致引起误解时,允许将图形旋转,但旋转角度应小于 90°,旋转后要进行标注,标注形式为"×—×⌒",如图 3-23 中的"$A-A$⌒"。

(3)单一剖切平面是柱面

这种剖视图应按展开方法绘制,如图 3-24 中的"$B-B$ 展开"。

2. 几个平行的剖切平面

用几个相互平行的剖切平面剖开机件的方法称为阶梯剖。如图 3-25 所示。

采用阶梯剖的方法画剖视图时,应注意以下几点:

(1)不应画出剖切平面转折处连接平面的交线,如图 3-26(b)所示。

(2)在图形内不应出现不完整的结构要素,如图 3-26(c)、图 3-27(a)所示。仅当两个要素在图形上具有公共对称中心线或轴线时,可以各画一半,此时应以对称中心线或轴线为界。如图 3-27(b)所示。

52

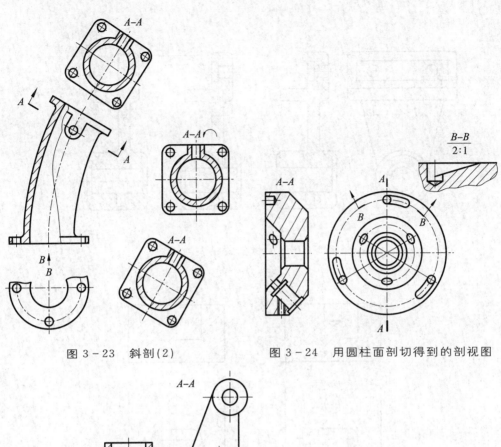

图 3-23　斜剖(2)　　　　　　图 3-24　用圆柱面剖切得到的剖视图

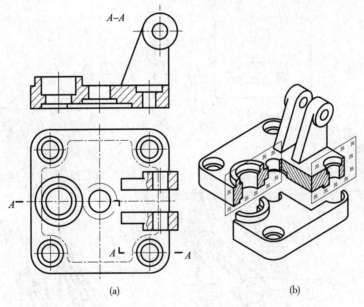

(a)　　　　　　　　　　(b)

图 3-25　阶梯剖

(3)阶梯剖必须标注。在剖切平面起、止和转折处画出剖切符号,标注上相同的大写字母,并画上箭头表示投影方向。在相应的剖视图上方用相同的字母标出剖视图的名称"×-×"。当转折处地方有限,又不致引起误解时,允许省略字母,如图 3-25 所示。当剖视图按投影关系配置,中间又没其他图形隔开时,可以省略箭头,如图 3-25 所示。

3.两相交的剖切平面

用两相交剖切平面(交线垂直于某一基本投影面)剖开机件的方法称为旋转剖。采用

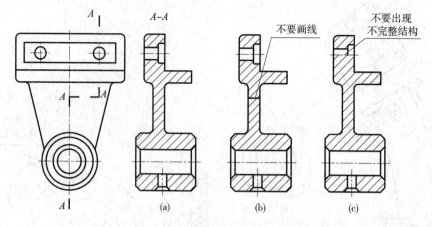

图 3-26 阶梯剖的错误画法

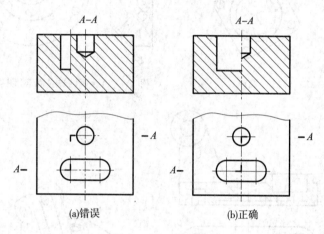

图 3-27 阶梯剖

这种方法绘制剖视图时,先假想按剖切位置剖开机件,然后将剖开后的结构及其有关部分旋转到与选定的投影面平行后再进行投影,如图 3-28 所示。

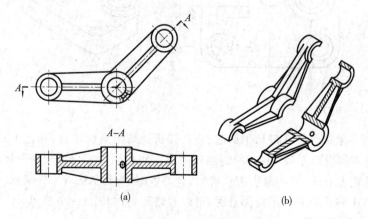

图 3-28 旋转剖

这种表达方法常用于具有明显回转轴线的盘盖类零件,如法兰盘、轴承压盖、手轮、皮带轮等。也可以用于非回转面零件,但该零件必须具有一个明显的回转中心。

画旋转剖视图时,位于剖切平面后的其他结构仍按原来位置投影,如图3-28中小油孔的投影。当剖切后产生不完整要素时,应将该部分按不剖画出,如图3-29所示。

旋转剖视图必须标注,其标注方法与阶梯剖类似。

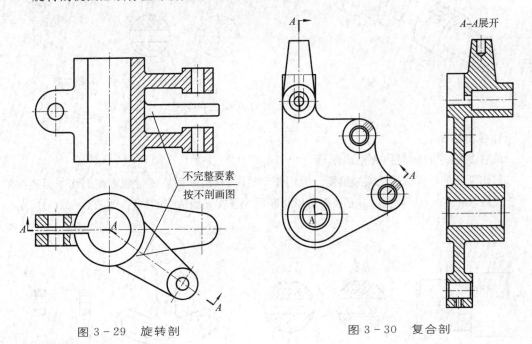

图3-29 旋转剖　　　　　　　　　　　图3-30 复合剖

4.组合的剖切平面

当机件的内部结构形状比较复杂,用上述各种方法仍不能清楚地表达出机件的内部结构形状时,可以把它们结合起来应用。用组合的剖切平面完全地剖开机件的方法称为复合剖。

采用这种方法画剖视图时,可采用展开画法,此时应标注"×-×展开",如图3-30所示。

复合剖必须标注,其标注方法与上述标注方法相同。

§3-3　断面图

一、断面图的概念

假想用剖切平面将机件的某处切断,仅画出该断面的图形称为断面图(简称断面),如图3-31(b)所示。

断面图与剖视图的区别在于:断面图仅按规定画出机件剖切断面的形状,而剖视图除画出断面形状之外,还必须画出剖切平面后的可见轮廓线,如图3-31(c)所示。

断面图一般主要用来表达零件上肋板、轮辐及轴类零件上孔、键槽等局部结构断面的形状。

二、断面图的种类及画法

断面图分为移出断面和重合断面两种。

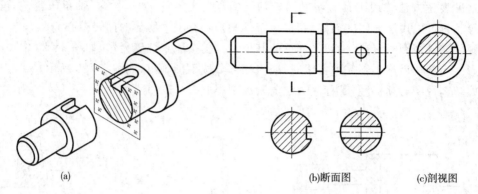

(a)　　　　　　　　　　　(b)断面图　　　(c)剖视图

图 3 - 31　断面图与剖视图的区别

1. 移出断面

画在视图外的断面称为移出断面。

移出断面的轮廓线用粗实线绘制。为了便于看图，移出断面应尽量配置在剖切平面迹线的延长线上，如图 3 - 31(b)所示。必要时可以将断面配置在其他适当的位置，如图 3 - 32(a)所示。

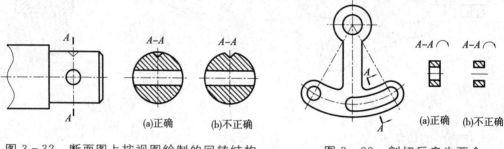

图 3 - 32　断面图上按视图绘制的回转结构

图 3 - 33　剖切后产生两个以上断面时的画法

画移出断面时应注意的问题：

(1)若剖切平面通过回转面形成的孔或凹坑的轴线，或通过孔而导致出现完全分离成两个或两个以上断面图形时，则这些结构均按剖视绘制，如图 3 - 31(c)、图 3 - 32(a)、图 3 - 33(a)所示。

(2)断面图也可画在视图的中断处，此断面图为移出断面，如图 3 - 34 所示。

(3)由两个或多个相交剖切平面剖切得到的移出断面，中间应断开，如图 3 - 35 所示。

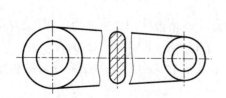

图 3 - 34　断面图形对称时的
移出断面画法

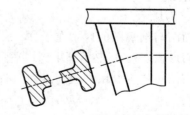

图 3 - 35　两相交剖切平面的
移出断面的画法

移出断面的标注

(1) 移出断面图一般应用剖切符号表示剖切位置,用箭头指明投影方向,并注上字母,在断面图上方用同样的字母标出相应的名称"×－×",如图3-31所示。

(2)配置在剖切符号延长线上的不对称移出断面,可以省略字母,如图3-31(b)所示。

(3)不配置在剖切符号延长线上的对称移出断面,以及按投影关系配置的不对称移出断面,均可省略箭头。如图3-32(a)所示。

(4)配置在剖切平面迹线延长线上,以及配置在视图中断处的对称移出断面,可省略全部标注,如图3-34、图3-35所示。

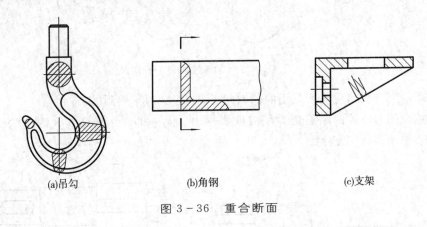

(a)吊勾   (b)角钢   (c)支架

图3-36 重合断面

2. 重合断面

画在视图内的断面称为重合断面。重合断面的轮廓线用细实线绘制。当视图中的轮廓线与重合断面图的图形重叠时,视图中的轮廓线应连续画出,不可间断,如图3-36(a)、(b)所示。

当重合断面对称时,可省略全部标注,如图3-36(a)、(c)所示。当重合断面不对称时,应标注剖切符号及箭头,不必标注字母,如图3-36(b)所示。

§3-4 局部放大图和简化画法

一、局部放大图

机件上的局部细小结构,在视图中不能表达清楚也不便标注尺寸时,常采用局部放大图来表达。

这种将机件的部分结构,用大于原图形所采用的比例画出的图形,称为局部放大图,如图3-37所示的Ⅰ、Ⅱ两处。

局部放大图可以画成视图、剖视或断面,与被放大部分的原表达方式无关。局部放大图应尽量配置在被放大部位的附近。

绘制局部放大图时,应在原视图上用规则的细实线图形圈出被放大的部位。当同一机件上有几个需放大部分时,要用罗马数字依次标明被放大的部位,并在局部放大图的上方将相应的罗马数字和所采用的比例用细横线上下分开标出,标注比例为所放大图形与实物的线性尺寸之比,与原表达无关,如图3-37所示。当机件上被放大的部分仅有一个时,在

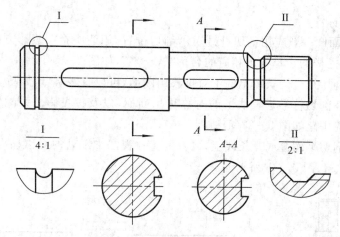

图 3 - 37　局部放大图(一)

局部放大图的上方只需注明所采用的比例即可,如图 3 - 38 所示。

　　局部放大图与整体的断裂边界用波浪线画出。同一机件在局部放大图中的剖面符号要与原图形中绘制的完全一致。

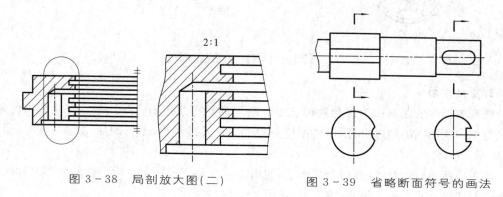

图 3 - 38　局剖放大图(二)　　　　　　图 3 - 39　省略断面符号的画法

二、简化画法

　　除了上面所介绍的一些表达方法外,为了便于绘图和看图,可采用国家标准规定的简化画法和其他画法,下面介绍一些常用的简化画法。

　　(1)在不致引起误解时,零件图中的移出断面允许省略剖面符号,但剖切标注仍按原规定进行标注,不能省略,如图 3 - 39 所示。

　　(2)当机件具有若干相同的结构(齿、槽等)并按一定规律分布时,只需画出几个完整的结构,其余用细实线连接,在零件图中必须注明该结构的总数,如图 3 - 40 所示。

　　(3)若干直径相同且成规律分布的孔(圆孔、螺孔、沉孔等),可以仅画出一个或几个,其余只需用点划线表示其中心位置,在零件图中应注明孔的总数,如图 3 - 41 所示。

　　(4)网状物、编织物或机件上的滚花部分,可在轮廓线附近用细实线示意画出,如图 3 - 42 所示。

　　(5)对于机件上的肋、轮辐及薄壁等,如按纵向剖切,这些结构不画剖面符号。而用粗实线将它与其邻接部分分开,如图 3 - 43 左视图所示。当回转体机件上均匀分布的肋、轮辐、孔等结构不处于剖切平面上时,可以将这些结构旋转到剖切平面上画出,如图 3 - 44、图 3 - 45 所示。

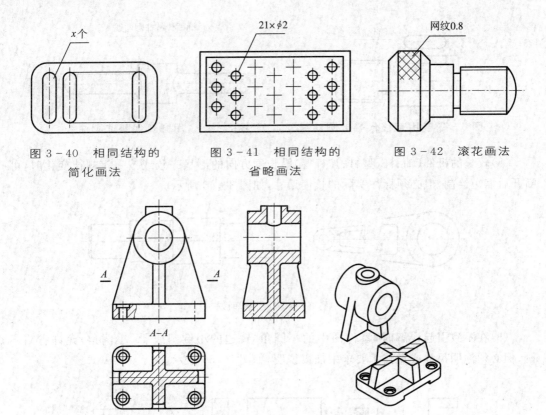

图3-40 相同结构的
简化画法

图3-41 相同结构的
省略画法

图3-42 滚花画法

图3-43 剖视图上肋的画法

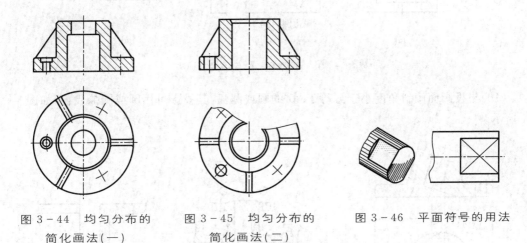

图3-44 均匀分布的
简化画法(一)

图3-45 均匀分布的
简化画法(二)

图3-46 平面符号的用法

(6)当图形不能充分表达平面时,可用平面符号(两条相交的细实线)表示,如图3-46所示。

(7)图形中的相贯线或过渡线,在不致引起误解时,允许简化,如图3-47所示,用直线代替非圆曲线。图3-48用圆弧代替非圆曲线。

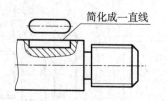

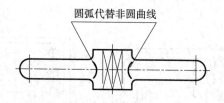

图 3-47 用直线代替非圆曲线　　　图 3-48 用圆弧代替非圆曲线

(8)较长的机件(轴、杆、型材、连杆等)沿长度方向的形状一致或按一定规律变化时,可断开后缩短绘制,但必须标注实际的长度尺寸,如图 3-49 所示。

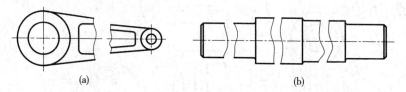

(a)　　　　　　　　　　　　　　(b)

图 3-49 断裂画法

(9)在不致引起误解时,零件图中的小圆角、锐边的小倒圆或 45°小倒角,允许省略不画,但必须注明尺寸或在技术要求中加以说明,如图 3-50 所示。

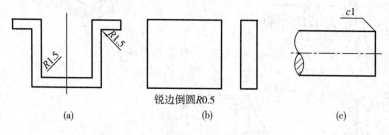

锐边倒圆$R0.5$

(a)　　　　　　　　　　(b)　　　　　　　　　(c)

图 3-50 小圆角、小倒角的画法

(10)与投影面倾斜角度小于或等于 30°的圆或圆弧,其投影可用圆或圆弧代替,如图 3-51 所示。

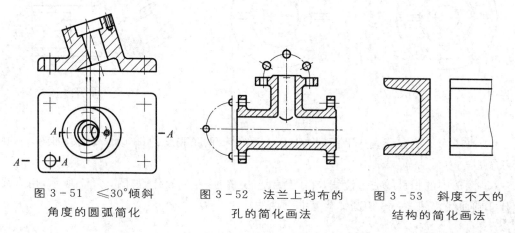

图 3-51 ≤30°倾斜　　　图 3-52 法兰上均布的　　　图 3-53 斜度不大的
角度的圆弧简化　　　　　孔的简化画法　　　　　结构的简化画法

(11)圆柱形法兰和类似机件上均匀分布的孔,可按图3-52所示方法绘制。

(12)机件上斜度不大的结构,如在图形中已表达清楚时,其他图形可按小端画出,如图3-53所示。

(13)在剖视图的剖面中,可再作一次局部剖,采用这种表达方法时,两个剖面的剖面线应同方向、同间隔,但要互相错开。并用引出线标注其名称,如图3-21所示。当剖切位置明显时,也可省略标注。

§3-5 机件表达方法综合举例

前面介绍了机件的各种表达方法,当表达机件时,应根据机件的具体结构形状,正确、灵活地综合选用视图、剖视、断面及其他表达方法,同时还要考虑尺寸标注等问题。

确定表达方案的原则是,应首先考虑看图方便,根据机件的结构特点,选用适当的表达方法,在完整、清晰地表达出机件的内外各部分结构形状的前提下,力求画图简便。下面举例说明。

例3-1 支架(如图3-54所示)

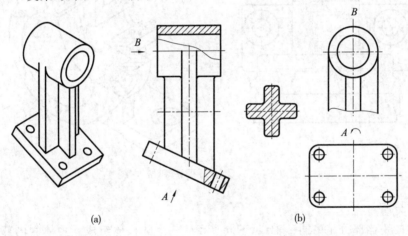

(a)　　　　　　　　(b)

图3-54　支架

1.分析机件形状

该支架由上面的空心圆筒、中间的十字形肋板和下面的倾斜底板三部分组成,支架前后对称,倾斜底板上有四个安装孔。

2.选择表达方案

(1)选择主视图

画图时,通常选择最能反映机件特征的投影方向作为主视图的投影方向。同时,应将零件的主要轴线或主要平面平行于基本投影面。因此,把支架的主要轴线——空心圆筒的轴线水平放置(即把支架的前后对称面放成正平面)。主视图采用局部剖,既表达了空心圆筒及底板处孔的内部结构形状,又保留了肋板的外形。

(2)选择其他视图

由于支架下面的倾斜底板与空心圆筒轴线相交成一角度,其投影不能反映实形,作图也不方便,因而根据其结构特点,采用 A 向斜视图表达倾斜底板的实形;十字肋板部分采用一个移出断面和主视图及 B 向局部视图表达,同时把空心圆筒也表达清楚了;倾斜底板上的四个安装孔在主视图上用局部剖视表达。

例 3 - 2　选择适当的表达方法表达如图 3 - 55 所示的泵体。

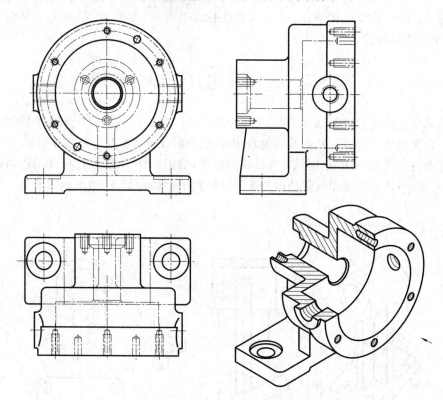

图 3 - 55　泵体三视图和立体图

1. 形体分析

该泵体的主体部分是由同一轴线、不同直径的三个圆柱体组成。主体的内部是圆柱形空腔及纵横贯穿的圆柱孔。主体的前端有均匀分布的六个小螺纹孔,后端均匀分布三个小螺纹孔。两侧各有一个圆柱形凸台,凸台内有螺纹孔。泵体的底部是一个四棱柱底板,底板上有两个安装孔。中间有一块支撑板和一块肋板把主体和底板连接起来。

经过以上分析,可以想象出泵体的实际形状,如图 3 - 55 所示。

2. 选择表达方案

(1)选择主视图

图 3 - 55 箭头所示为主视图投影方向。它能明显地表达出泵体的外形特征。为了表达出两侧孔和安装孔的结构,将主视图画成局部剖视图,如图 3 - 56 所示。

(2)选择其他视图

主视图确定以后,应根据机件特点全面考虑所需要的其他视图。

①俯视图采用全剖视图,主要表达支撑板、肋板和底板的形状,底板上安装孔的分布情况。

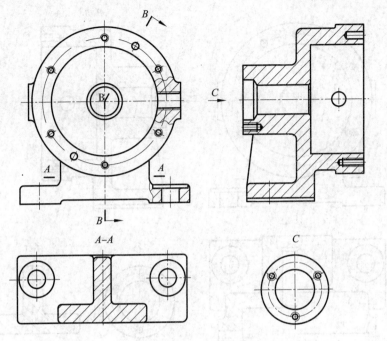

图 3-56 泵体表达方案一

②右视图采用全剖视图,既表达了泵体的内腔形状,又表达了泵体各组成部分的相对位置关系。

③采用 B 向局部视图,表达了泵体后端面上三个小孔的分布情况。

采用以上四个图形,如图 3-56 所示就能完整、清晰地反映出泵体的内外结构形状。

3.讨论

从泵体的结构看,它具有左右对称的特点,这很容易使我们想到采用半剖视图的方法,即可以把主视图或俯视图画成半剖视图,如图 3-57 所示。与图 3-56 比较,俯视图除能够反映侧面孔和外形外,在表达空腔形状方面与右视图重复,而在反映泵各部分相对位置方面又不如右视图清楚。A—A 断面图也必须画成移出断面。因此图 3-57 表达方案欠佳。

通过以上分析可知,泵整体虽然对称,但从表达整体内外形状的需要来全面考虑,不适合采用半剖视图的表达方法。比较以上二种表达方案,方案一具有表达简明清晰、看图方便、制图简便和优点,是一个比较好的表达方案。

§3-6 第三角投影

我国有关制图方面的国家标准规定采用第一角投影法。但有些国家(如美国、日本)则采用第三角投影法。伴随着我国的对外开放和 WTO 的加入,对外贸易和国际间技术交流日趋增多,我们会越来越多地接触到采用第三角投影法绘制的图纸。为了更好地进行国际间的技术交流和发展国际贸易的需要,我们应该了解和掌握第三角投影法。

如图 3-58 所示,两个互相垂直的投影面,把空间分成Ⅰ、Ⅱ、Ⅲ、Ⅳ四个分角。机件放在第一分角进行投影表达,称为第一角投影。机件放在第三分角进行投影表达,称为第三

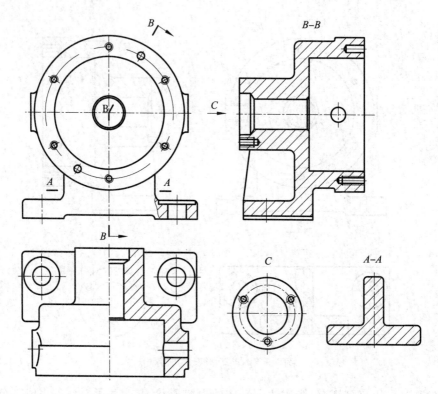

图 3 - 57　泵体表达方案二

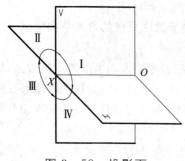

图 3 - 58　投影面

角投影。

第一角投影是把被画机件放在投影面与观察者之间,从投影方向看是观察者—机件—投影面的投影关系。而第三角投影则是将机件放在投影面后边,即是人隔着投影面观察物体,保持着观察者—投影面—机件的投影关系。然后按正投影法得到各个视图,从前向后投影是前视图,从上向下投影是顶视图,从右向左投影是右视图,如图 3 - 59(a)所示。各投影面按图 3 - 59(a)所示的方法展开,三视图的配置如图 3 - 59(b)所示。

从图 3 - 60 中可知,第三角投影与第一角投影都是采用正投影法,且投影面互相垂直,因此在第三角投影的视图之间仍然保持"长对正,高平齐,宽相等"的投影对应关系,它们之间的主要区别有:

(1)第三角投影的视图名称和视图配置关系与第一角投影的视图名称和视图配置关系不同。

(2)视图间的投影对应关系不同

在第三角投影法中,除后视图以外的其余视图中,靠近前视图的一侧为机件的前面,远离前视图的一侧则为机件的后面,而在第一角投影法中正好相反。

在熟练掌握第一角投影的基础上,了解第三角投影的特点后,第三角投影画法就比较容易熟悉和掌握了。

鉴于两种投影法的不同特点,为了便于识别,国际标准规定了第一角投影和第三角投

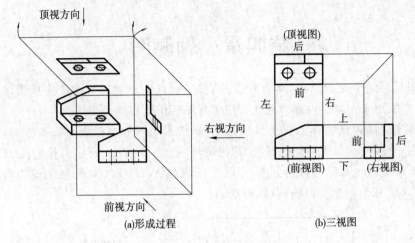

(a)形成过程　　　　　　　　(b)三视图

图 3-59　第三角投影

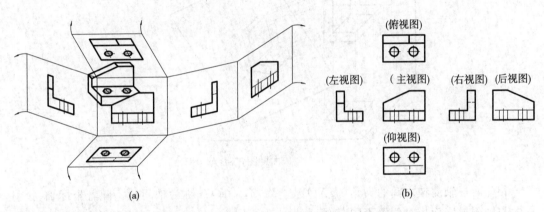

(a)　　　　　　　　　　　　(b)

图 3-60　第三角画法六个基本视图的形成

影的识别方法。

①以识别符号识别

识别符号见图 3-61,该识别符号应画在图纸的标题栏内。

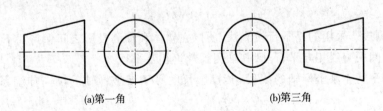

(a)第一角　　　　　　　　(b)第三角

图 3-61　两种投影的标识符号

②以拉丁字母 A,E 表示

(A)—表示第三角投影画法。

(E)—表示第一角投影画法。

第二种方法一般常用于技术文件中。

第四章 轴测图

轴测图是单面平行投影图,具有较强的立体感,有助于我们快速简捷地了解物体的结构,在生产中常用来作为一种辅助表达方法进行形状构思和技术交流。

将物体连同确定该物体的直角坐标系一起,按不与任何坐标面平行的方向,用平行投影法投射到一投影面上,所得到的图形,称为轴测图。如图 4-1 所示。投影面 P 称为轴测投影面。投射线方向 S 称为投射方向,空间坐标轴 O_0X_0,O_0Y_0,O_0Z_0 在轴测投影面上的投影 OX,OY,OZ 称为轴测投影轴,简称轴测轴。

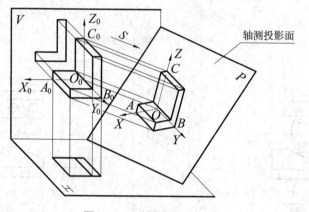

图 4-1 轴测图的形成

相邻两根轴测轴之间的夹角($\angle XOY$,$\angle XOZ$,$\angle YOZ$)称为轴间角。随着坐标轴、投射方向与轴测投影面相对位置不同,轴间角大小也不同。

轴测单位长度与相应空间坐标单位长度之比值,称为轴向伸缩系数。X,Y,Z 三个轴测轴方向的轴向伸缩系数分别用 p,q,r 表示,由图 4-1 可以看出:

$$p=OA/O_0A_0$$
$$q=OB/O_0B_0$$
$$r=OC/O_0C_0$$

由于轴测投影采用的是平行投影法,所以在物体和轴测投影之间保持如下关系:

(1)若空间两直线相互平行,则其轴测投影仍相互平行。

(2)空间平行于某坐标轴的线段,其投影长度等于该坐标轴的轴向伸缩系数与线段长度的乘积。

§4-1 常用的轴测投影图

轴测图根据投射线方向和轴测投影面的位置不同可分为两大类:

正轴测图:投射线方向与轴测投影面垂直。

斜轴测图:投射线方向与轴测投影面倾斜。

根据轴向伸缩系数的不同,每类轴测图又分为三种:

1.正轴测图

(1)正等轴测图(简称正等测):$p=q=r$

(2)正二轴测图(简称正二测):$p=q\neq r$

(3)正三轴测图(简称正三测):$p\neq q\neq r$

2.斜轴测图

(1)斜等轴测图(简称斜等测):$p=q=r$

(2)斜二轴测图(简称斜二测):$p=r\neq q$

(3)斜三轴测图(简称斜三测):$p\neq q\neq r$

在实际绘图中,正等测和斜二测图用得较多,斜二测图一般采用轴向变形系数 $p=r=2q$,其他的轴测图作图较繁,在手工绘图时很少采用。

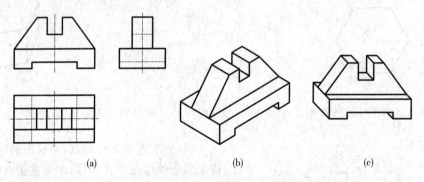

(a)   (b)   (c)

图 4-2 根据三视图画出的正等测和斜二测图

§4-2 正等轴测图

正等测图的投射方向垂直于轴测投影面,且空间三个坐标轴均与轴测投影面倾斜 $35°16'$,因此三个轴间角均相等,即 $\angle XOY=\angle YOZ=\angle ZOX=120°$。三个轴向伸缩系数也相等,即 $p=q=r=0.82$,如图 4-3 所示。为了作图方便,《机械制图》的国家标准规定可用简化的伸缩系数 1 代替理论伸缩系数 0.82,即沿各轴向量取的长度等于物体上相应的实长。这样画出的轴测图比按理论伸缩系数画出轴测图放大了约 1.22 倍,简化画法把图形放大了,但形状并未改变,对立体感没有太大的影响。

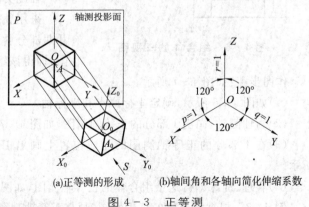

(a)正等测的形成   (b)轴间角和各轴向简化伸缩系数

图 4-3 正等测

一、平面立体的正等轴测图的画法

例 4-1 根据正六棱柱的正投影图,画其正等轴测图。

图 4-4 是正六棱柱的正投影图,图 4-5(a),(b),(c)是作图步骤。

具体作图步骤:

(1)在正投影图上确定坐标原点和坐标轴;

(2)画轴测轴,然后按坐标分别作出顶面各点的轴测投影,依次连接各点,即可得顶面的轴测投影图。如图 4-5(a)所示。

(3)过顶面各点作 OZ 轴的平行线,并在其上量取高度 H,得各棱的轴测投影,如图 4-5(b)所示。

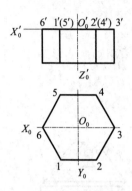

图 4-4 正六棱柱的两视图

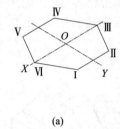 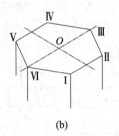 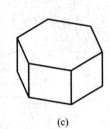

(a)   (b)   (c)

图 4-5 正六棱柱的正等轴测图

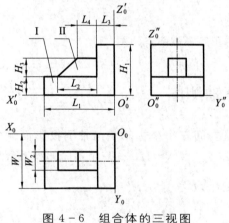

图 4-6 组合体的三视图

(4)依次连接各棱端点,得底面的轴测投影,擦去多余的作图线并加深,即完成正六棱柱的正等轴测图,如图 4-5(c)所示。

绘制平面立体轴测图的方法通常有坐标法、叠加法和切割法。在实际作图时,应根据物体的形状特点灵活采用不同的作图方法。

例 4-2 根据组合体的正投影图(如图 4-6所示),画其正等轴测图。

画此类组合体时,可采用叠加法作图。

采用叠加法画图时,可将组合体看作由 Ⅰ、Ⅱ 两部分叠加而成,依次画出这两部分的轴测图,即得该组合体的轴测图。

作图步骤:如图 4-7 所示。

(1)如图 4-6 所示,确定坐标原点和坐标轴。

(2)画轴测轴,画出 Ⅰ 部分的正等轴测图,如图 4-7(a)所示。

(3)在 Ⅰ 部分的正等轴测图的相应位置上画出 Ⅱ 部分的正等轴测图,如图 4-7(b)所示。

(4)整理、加深即得这个组合体的正等轴测图,如图 4-7(c)所示。

例 4-3 根据组合体的正投影图,画其正等轴测图。见图 4-8。

此题采用切割法作图,首先将组合体看成是一定形状的整体,并作出其轴测图,然后再画出各个切口部分。

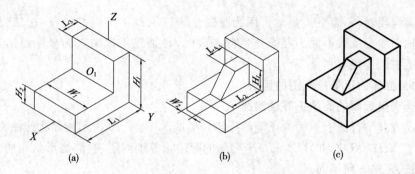

图 4-7　画组合体的正等轴测图

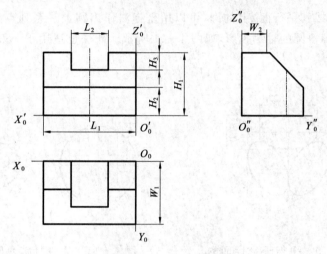

图 4-8　组合体三视图

作图步骤：

(1)此组合体可视为由长方体切割而成,因此首先画出长方体的正等轴测图,如图 4-9
(a)所示。

(2)在长方体前上方截去一角,如图 4-9(b)所示。

(3)在中间位置开槽,如图 4-9(c)所示。

(4)擦去作图线,整理、加深即完成全图,如图 4-9(d)所示。

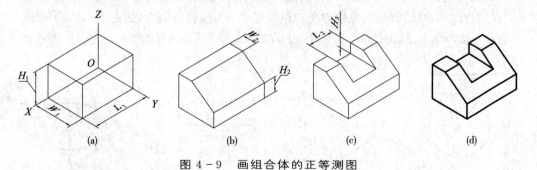

图 4-9　画组合体的正等测图

画轴测图时应注意：

画倾斜线段时,不能直接量取。因为与三个坐标轴都不平行的线段,在轴测图上的变形系数与轴向变形系数不同。在画这些倾斜线时,必须先根据端点的坐标画出其位置,然后用线段把它们连接起来。

二、曲面立体的正等轴测图的画法

1.平行于坐标面的圆的正等轴测图

坐标面或其平行面上的圆的正等测投影是椭圆。图 4-10 表示按简化伸缩系数绘制的分别平行于 XOY、XOZ 和 YOZ 三个坐标面的圆的正等轴测图,它们是形状相同的椭圆,只是它们的长、短轴方向不同。

(1)坐标法

处于坐标面(或其平行面)上的圆,可以用坐标法作出圆上一系列点的轴测投影,然后光滑地连接起来即得圆的轴测投影,如图 4-11 所示。此法也适用于一般位置平面上圆和曲线的轴测投影。

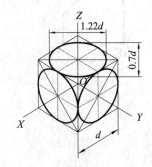

图 4-10 平行于坐标面的
正等轴测图

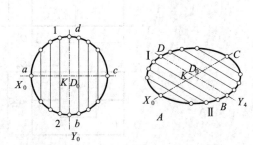

图 4-11 用坐标法画圆的轴测图

(2)近似画法

为了简化作图,通常采用四段圆弧连接成近似椭圆的作图方法。以水平面(XOY)坐标面上圆的正等轴测图为例,说明这种近似作法的步骤。

作图步骤如图 4-12 所示。

(a)在正投影图上作该圆的外切正方形,如图 4-12(a)所示。

(b)画轴测轴,根据圆的直径 d 作圆的外切正方形的正等轴测图——菱形。菱形的长、短对角线方向即为椭圆的长、短轴方向。顶点 3,4 为大圆弧的圆心,如图 4-12(b)所示。

(c)连接 $D3$,$C3$,$A4$,$B4$,两两相交得点 1 和 2,点 1 和 2 为小圆弧的圆心,如图 4-12(c)所示。

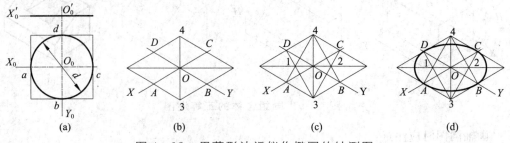

(a)　　　　　　(b)　　　　　　(c)　　　　　　(d)

图 4-12 用菱形法近似作椭圆的轴测图

(d)以点 3 和 4 为圆心,以 D3 和 A4 为半径画大圆弧 DC 和 AB,然后以点 1 和 2 为圆心,以 D1 和 B2 为半径画小圆弧 AD 和 BC,即得近似椭圆,如图 4－12(d)所示。

2.圆角正等轴测图的画法

连接直角的圆弧,等于整圆的 1/4,在轴测图上,它是 1/4 椭圆弧,可以用简化画法近似作出,如图 4－13 所示。

作图时根据已知圆角半径 R,找出切点 A_1,B_1,C_1,D_1,过切点作垂线,两垂线的交点即为圆心。以此圆心到切点的距离为半径画圆弧即得圆角的正等轴测图。

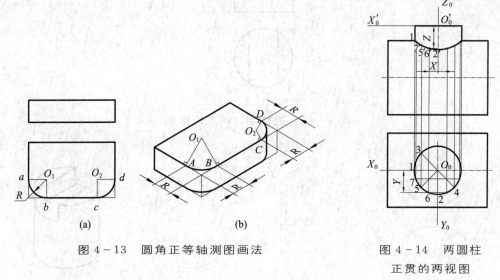

图 4－13　圆角正等轴测图画法

图 4－14　两圆柱
正贯的两视图

3.轴测图中相贯线的画法

画轴测图上的相贯线有两种方法:

(1)坐标法

根据相贯线上点的投影和坐标画出各点的轴测投影,然后光滑地连接起来可得相贯线的轴测图,如图 4－15(b)所示。

(2)辅助面法

如图 4－15(c)所示,为了便于作图辅助面应取平面,并尽量使它与各形体的截交线为直线。

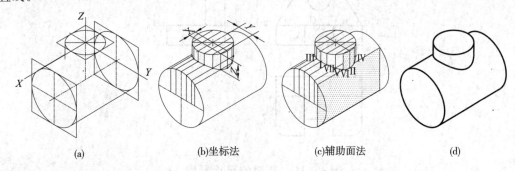

图 4－15　两圆柱正贯正等轴测图

71

三、正等测图举例

例 4 - 4 已知圆柱被截切后的正投影图（如图 4 - 16 所示），画出其正等测图。

作图步骤如图 4 - 17 所示。

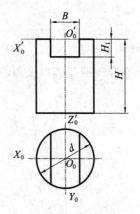

图 4 - 16 圆柱切口的正投影图

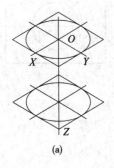 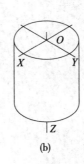 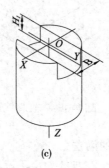 

(a)　　　　　　(b)　　　　　　(c)　　　　　　(d)

图 4 - 17 圆柱切口

例 4 - 5 图 4 - 18 是一托架的正投影图，画其正等测图。

作图步骤如图 4 - 19 所示。

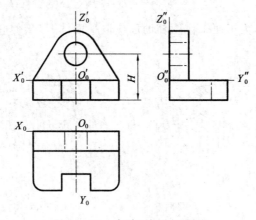

图 4 - 18 托架的正投影图

72

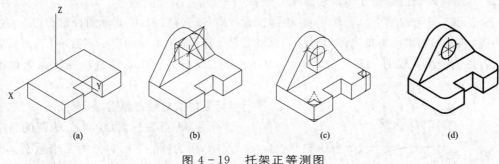

图 4-19 托架正等测图

作图步骤:

(1)如图 4-18 所示,确定坐标原点和坐标轴。

(2)画轴测轴,画出底板的正等测图,如图 4-19(a)所示。

(3)画立板的正等测图,如图 4-19(b)所示。

(4)画立板上的椭圆及底板上的圆角的正等测图,如图 4-19(c)所示。

(5)整理、加深即完成全图,如图 4-19(d)所示。

§4-3　斜二轴测图

斜轴测投影是用斜投影方法得到的轴测图。空间物体的两个坐标轴与轴测投影面平行,而投影方向 S 是与轴测投影面倾斜的,这样得到的轴测投影图即为斜轴测图。

当物体的坐标面 $X_0O_0Z_0$ 平行于轴测投影面,投影方向 S 倾斜于轴测投影面 P,这样得到的轴测图称为正面斜轴测图。本章只介绍常用的正面斜二等轴测图,简称斜二测。图 4-20所示为斜二测轴测图的形成。

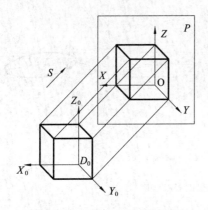

图 4-20　斜二测图的形成

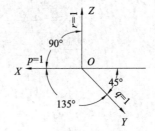

图 4-21　斜二测图的轴间角和轴向变形系数

一、轴间角及轴向变形系数

在斜二测轴测图中,由于坐标面 $X_0O_0Z_0$ 平行于轴测投影面 P,根据平行投影特性,不论投影方向如何,坐标面 $X_0O_0Z_0$ 上的图形,以及平行于该面的图形,其轴测投影均反映实形,即 X 轴和 Z 轴的轴向变形系数都等于 $1(p=r=1)$,$\angle XOZ=90°$。

坐标轴 OY 与轴测投影面 P 垂直,但因投影方向 S 是倾斜的,则其轴测投影 OY 是一条倾斜线,它与轴测轴的夹角 $\angle XOY=\angle YOZ=135°$。选 OY 轴的轴向变形系数 $q=1$,即斜二测图各轴向变形系数的关系是:$p=r=2q=1$。斜二测图的轴间角和轴向变形系数如图 4-21 所示。

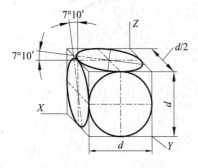

图 4-22　平行坐标面
的圆的斜二测图

二、平行坐标面的圆的斜二测图

如图 4-22 所示,平行坐标面 $X_0O_0Z_0$ 的圆的斜轴测投影反映实形,仍为圆。平行另外两个坐标面上圆的斜二测投影为椭圆。这两个椭圆的长短轴方向与相应的轴测轴的方向既不垂直也不平行。在 $X_0O_0Y_0$ 坐标面上圆的斜二测投影——椭圆的长轴与 OX 偏转 $7°10'$;在 $Y_0O_0Z_0$ 坐标面上圆的斜二测投影——椭圆的长轴与 OZ 轴偏转 $7°10'$;椭圆的长轴等于 $1.06d$,椭圆的短轴等于 $0.33d$,且长轴与短轴垂直。

现以 XOY 面上的椭圆为例,说明椭圆的近似画法。

作图步骤　如图 4-23 为例。

(1)画圆的外切正方形的斜二测图,得一平行四边形,如图 4-23(a)所示。过 O 作直线 AB 与 X 轴成 $7°10'$,AB 即为椭圆长轴方向,过 O 作直线 CD 垂直于 AB,CD 即为椭圆的短轴方向,如图 4-23(b)所示。

(2)在短轴方向线 CD 上截取 $O5=O6=d$,点 5 和 6 即为大圆弧的圆心,连接 5 和 2 及 6 和 1,并于长轴交于 7 和 8,点 7 和 8 即为小圆弧的圆心,如图 4-23(c)所示。

(3)分别作大圆弧(92,1,10)和小圆弧(19,2,10),即得所求椭圆,如图 4-23(d)所示。

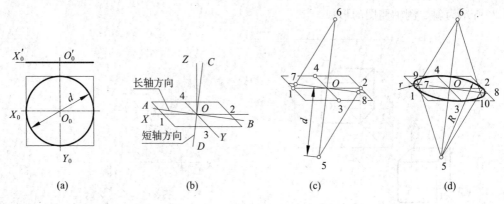

图 4-23　水平面上圆的斜二测

三、斜二测的画法

当组合体的正面($X_0O_0Z_0$ 坐标面)形状比较复杂时,采用斜二测图较合适。其画法与前述的正等测图作法相同。

例 4-6　根据支座的正投影图,作其斜二测图,见图 4-24。

作图步骤如下:

(1)在正投影图上确定坐标原点和坐标轴,如图 4-24(a)所示;

(2)画轴测轴,作开槽圆筒的斜二测图,并确定立板上各圆心的位置,如图 4-24(b)所示;

(3)作开槽立板的斜二测图,如图 4-24(c)所示;

(4)擦去作图线,整理、加深即完成全图,如图 4-24(d)所示。

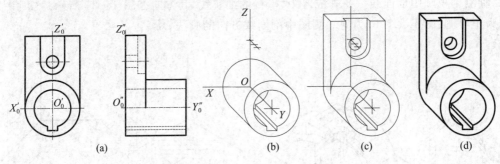

(a)   (b)   (c)   (d)

图 4-24　支座的斜二测图

§4-4　画轴测图的几个问题

一、轴测剖视图的画法

为了表达组合体的内部结构形状或装配体的工作原理及装配关系,可假想用剖切平面切去组合体或装配体的一部分后再作轴测投影,所得的轴测图称为轴测剖视图。

1.轴测图的剖切方法

为了保持外形的清晰,所以不论组合体或装配体是否对称,通常采用两个平行于坐标面的相交平面剖切物体的 1/4,而不采用剖切一半的形式,以免破坏组合体或装配体的完整性,如图 4-25 所示。

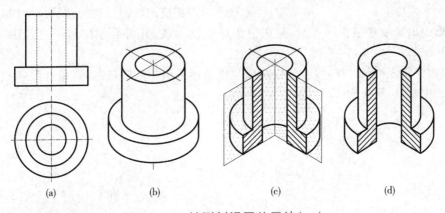

(a)   (b)   (c)   (d)

图 4-25　轴测剖视图的画法(一)

2.轴测剖视图的画法

画轴测剖视图,一般可采用下述两种方法:

（1）先将物体完整的轴测图画出，然后沿轴测轴方向用剖切平面剖切开，如图 4-25 所示。

（2）先画出剖面的轴测投影图，然后再画出看得见的外形轮廓线，如图 4-26 所示。

3.轴测剖视图的有关规定

（1）剖面线的画法

轴测剖视图中剖面线一律画成等距、平行的细实线，其方向如图 4-27 所示。图 4-27（a）为正等测、图 4-27（b）为斜二测图中剖面线方向的画法。

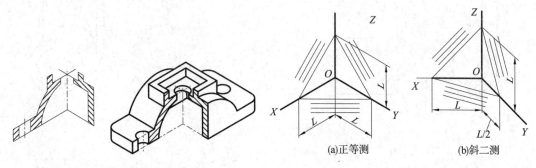

图 4-26　轴测剖视图的画法（二）　　　　　图 4-27　轴测图剖面线的画法

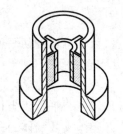

图 4-28　轴测图肋板
剖面线的画法

（2）肋板剖面线的画法

和零件图一样，当剖切平面沿着纵向剖切肋板时不画剖面线或用细点表示肋板的剖切部分，如图 4-28 所示。

二、轴测图的尺寸标注

轴测图上的尺寸标柱规定如下：

（1）轴测图的线性尺寸，一般应沿轴测轴方向标注，尺寸数字为机件的基本尺寸。

（2）尺寸线必须和所标注的线段平行，尺寸界线一般应平行于某一轴测轴；尺寸数字应按相应的轴测图形标注在尺寸线的上方。当在图形中出现数字字头向下时，应用引出线引出标注，并将数字按水平位置注写，如图 4-29 所示。

（3）标注角度的尺寸时，尺寸线应画成与该坐标平面相应的椭圆弧，角度数字一般写在尺寸线的中断处，字头向上，如图 4-30 所示。

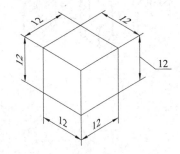

图 4-29　轴测图线性尺寸标注方法

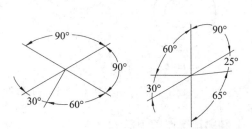

图 4-30　轴测图上角度尺寸标注方法

(4)标注圆的直径时,尺寸线和尺寸界线应分别平行于圆所在平面内的轴测轴。标注圆弧半径或较小圆的直径时,尺寸线可从(或通过)圆心标注,但注写尺寸数字的横线必须平行于轴测轴,如图 4-31 所示。

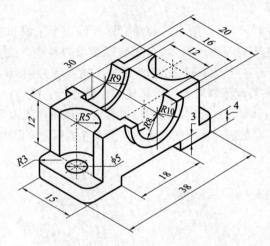

图 4-31　轴测图上尺寸注法

第五章 标准件和常用件

在装配机器或部件时,广泛使用一些如螺钉这样的用于紧固和连接的零件,也使用一些如齿轮、轴承、弹簧这样的起传递动力、支承减震作用的零件。由于使用广泛,国家有关部门对这些零件进行了标准化和系列化,这样在加工这些零件时,就可以用标准的刀具或专用机床进行加工,而在装配维修时也可按相应的规格进行更换。

对结构形式、尺寸、表面质量、表达方法均标准化的零(部)件统称为标准件,如螺钉、轴承等;而对零件的部分主要参数进行标准化和系列化的零件被称为常用件,如齿轮、弹簧等。

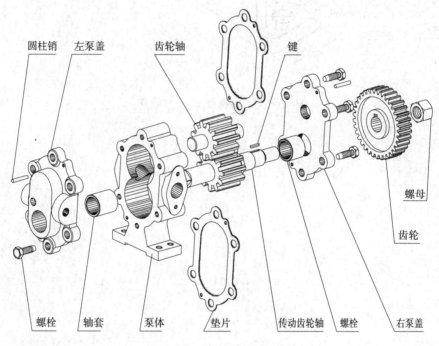

图 5-1 齿轮油泵分解图

图 5-1 显示了齿轮油泵部件分解为零件时的情况。其中的泵体、泵盖属于专用零件,螺钉、螺母、垫圈、键、销属于标准件,齿轮则属于常用件。

本章介绍螺纹、螺纹紧固件、键、销、滚动轴承、齿轮、弹簧的规定画法、代号(参数)和标记,为绘制和阅读机械图样做好准备。

§5-1 螺纹和螺纹紧固件

一、螺纹

1.螺纹的形成及其要素

(1)螺纹的形成

螺纹为回转体表面上沿螺旋线所形成的、具有相同轴向断面的连续凸起和沟槽。螺纹在螺钉、螺栓、螺母和丝杠上起连接或传动作用。在圆柱(或圆锥)外表面所形成的螺纹称为外螺纹;在圆柱(或圆锥)内表面所形成的螺纹称内螺纹。形成螺纹的加工方法很多,如图 5-2(a)、(b)车床上车削内外螺纹的情况,也可用成型刀具(如板牙,丝锥)加工。如图 5-2(d)所示,加工内螺纹孔时,先用钻头钻出孔,再在孔内用丝锥攻出螺纹。

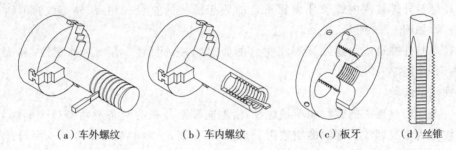

（a）车外螺纹　　　　　（b）车内螺纹　　　　　（c）板牙　　　（d）丝锥

图 5-2　螺纹加工方法

车削螺纹时,由刀具和工件的相对运动而形成圆柱螺旋线,动点的等速运动由车床的主轴带动工件的转动而实现;动点的沿圆柱素线方向的等速直线运动由刀尖的移动来实现。螺纹的形成可看作由一个平面图形(如三角形、梯形、锯齿形等)沿圆柱螺旋线运动而产生的,这个平面图形就是螺纹的牙型。

(2)螺纹的要素

螺纹包括牙型、公称直径、线数、螺距和导程、旋向五个要素。

①螺纹的牙型是指通过螺纹轴线剖切面上的所得到的断面轮廓形状,螺纹的牙型标志着螺纹的特征。常见的螺纹的牙型有三角形、梯形、锯齿形、矩形等,如图 5-3 所示。

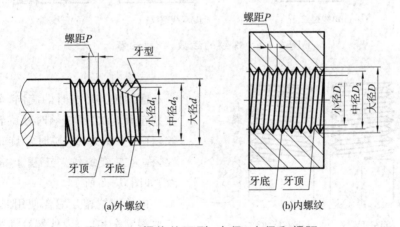

(a)外螺纹　　　　　　　(b)内螺纹

图 5-3　螺纹的牙型、大径、小径和螺距

②公称直径

公称直径是螺纹尺寸的标示值,通常指的是螺纹的大径,如图 5-3 所示。

螺丝的直径分为:

a. 大径　是与外螺纹牙顶或内螺纹牙底相重合的假想的圆柱直径,用 d(外螺纹)和 D(内螺纹)来表示,如图 5-3 所示。

b. 小径　是与外螺纹牙底或内螺纹牙顶相重合的假想圆柱的直径。用 d_1(外螺纹)和

D_1（内螺纹）来表示，如图 5-3 所示。

c.中径　是母线通过牙型上沟槽和凸起宽度相等处的假想圆柱的直径。用 d_2（外螺纹）和 D_2（内螺纹）来表示，如图 5-3 所示。

d.顶径和底径

顶径是与外螺纹或内螺纹牙顶相重合的假想圆柱的直径。用 d（外螺纹）和 D_1（内螺纹）来表示，如图 5-3 所示。

底径是与外螺纹或内螺纹牙底相重合的假想圆柱的直径。用 d_1（外螺纹）和 D（内螺纹）来表示，如图 5-3 所示。

③螺纹的线数

沿一条螺旋线形成的螺纹叫单线螺纹；沿轴向等距分布的两条或两条以上的螺旋线形成的螺纹称为多线螺纹。螺纹的线数用 n 来表示，在图 5-4(a)为单线螺纹（$n=1$）；图 5-4(b)、(c)为多线螺纹（$n=2$ 和 $n=3$）。

④螺距和导程

a.螺距——螺纹相邻两牙在螺纹中径线上对应两点间的轴向距离叫螺距，用 P 表示。

b.导程——同一条螺旋线上相邻两牙中径线上对应两点间的轴向距离叫导程，用 P_h 表示。对单线螺纹，$P_h=P$；对多线螺纹，$P_h=nP$。

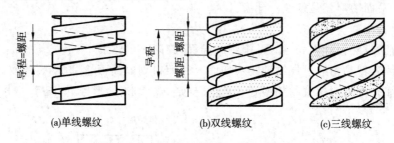

(a)单线螺纹　　(b)双线螺纹　　(c)三线螺纹

图 5-4　螺纹的线数、导程和螺距

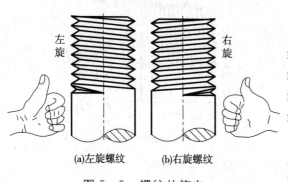

(a)左旋螺纹　(b)右旋螺纹

图 5-5　螺纹的旋向

⑤旋向

螺纹按其形成时的旋向，分为右旋螺纹和左旋螺纹两种，顺时针旋转旋入的螺纹，称为右旋螺纹，逆时针旋转旋入的螺纹，称为左旋螺纹。工程上常用右旋螺纹，如图 5-5 所示。

内外螺纹相互配合使用时，只有上述五要素完全相同，内外螺纹才能旋合在一起。在螺纹五要素中，凡是螺纹牙型，大径和螺距都符合标准的螺纹称为标准螺纹；螺纹牙型符合标准，而大径，螺距不符合标准的称为特殊螺纹；若螺纹牙型不符合标准，则称为非标准螺纹。

2.螺纹的规定画法

螺纹的真实投影较复杂，为了提高绘图效率且便于交流，GB/T 4459.1—1995《机械制图螺纹及螺纹紧固件表示法》中规范了螺纹和螺纹紧固件的规定画法。

(1)外螺纹的规定画法

外螺纹的大径用粗实线来绘制,小径用细实线来绘制,小径通常画成大径的 0.85 倍。螺纹终止线画成粗实线。在螺纹投影为圆的视图上,表示小径的细实线圆画成 3/4 圈;并且轴上的倒角投影省略不画。当需要表示螺尾时,螺尾部分的牙底用与轴线成 30° 的细实线绘制,一般情况下可不画收尾线,如图 5-6(a)所示。在螺纹剖视图中,剖面线必须终止于粗实线,如图 5-6(b)所示。

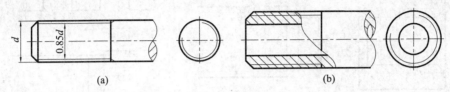

图 5-6　外螺纹的规定画法

(2)内螺纹的规定画法

在剖视图中,内螺纹的大径用细实线绘制,小径及螺纹终止线用粗实线来绘制,剖面线必须终止于粗实线,投影为圆的视图上大径用 3/4 圈的细实线圆绘制。孔上的倒角圆省略不画,如图 5-7 所示。

未被剖切的内螺纹,其大径、小径和螺纹终止线以及投影为圆的视图上均用虚线来表示,如图 5-8 所示。

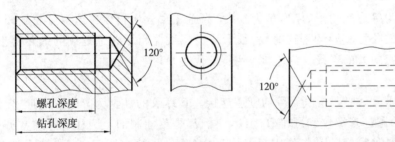

图 5-7　内螺纹的剖视画法图　　　图 5-8　不可见的内螺纹画法

(3)螺纹连接的规定画法

内外螺纹连接时,在剖视图中,内、外螺纹的旋合部分应按外螺纹的画法绘制,其余部分应按各自的画法来表示。应注意的是内螺纹的大径与外螺纹的大径,内螺纹的小径与外螺纹的小径应分别对齐,剖面线画至粗实线处,如图 5-9 所示。

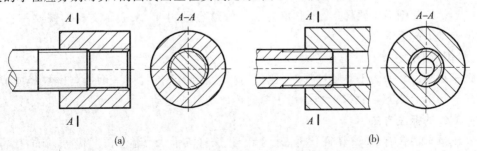

图 5-9　螺纹连接的规定画法

（4）非标准螺纹的画法

按标准螺纹的规定画法画非标准螺纹。

如需要表示螺纹的牙型时（多用于非标准螺纹），可用如图 5 - 10 所示的局部视图、局部放大图等方法来表示。

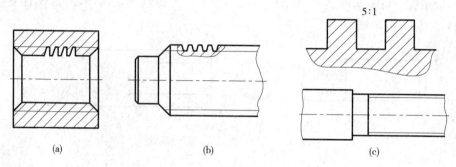

(a)　　　　　　　　(b)　　　　　　　　(c)

图 5 - 10　螺纹的牙型画法

3. 螺纹的分类

螺纹按用途分为两大类，即连接螺纹和传动螺纹。

常用的连接螺纹有普通螺纹和管螺纹两种，主要用于连接和紧固；传动螺纹有梯形螺纹、锯齿形螺纹和矩形螺纹，主要用于传递动力和运动。

（1）普通螺纹

普通螺纹的牙型为等边三角形，牙形角为 60°。普通螺纹分为粗牙普通螺纹及细牙普通螺纹两种。对同样的公称直径的普通螺纹，细牙普通螺纹比粗牙普通螺纹的螺距要小，适用于薄壁零件或需密封处的连接。普通螺纹用特征代号"M"来表示。

（2）管螺纹

管螺纹主要用于水管、油管、煤气管等的管道连接。管螺纹的牙型为等腰三角形，牙形角为 55°。管螺纹分为圆柱管螺纹和圆锥管螺纹，它们都是英寸制的。圆柱管螺纹常见有三种，非螺纹密封的内、外管螺纹和螺纹密封的圆柱内管螺纹，螺纹特征代号分别是 G 和 R_p；螺纹密封的圆锥内、外管螺纹特征代号分别是 R_c 和 R。

①管螺纹所标注的尺寸代号值为管子内径值，而不是管子螺纹尺寸。

②管螺纹以每英寸有多少个牙表示牙型的粗细，换算后螺距为小数，如 G1 的管螺纹沿轴线上有 11 个牙，其螺距为 25.4 除以 11 为 2.309。

（3）梯形螺纹

梯形螺纹牙型为等腰梯形，牙形角为 30°，螺纹代号用 T_r 来表示。梯形螺纹一般用于双向传递动力或运动。

（4）锯齿形螺纹

锯齿形螺纹牙型为不等腰梯形，一侧边与螺纹径向成 30°，另一侧边与螺纹径向成 3°，螺纹代号用 B 来表示。锯齿形螺纹用于单向传递动力或运动。

4. 螺纹的标注方法

螺纹的标注含有：螺纹特征代号、尺寸代号、公差带代号、旋合长度代号、旋向代号等，其中螺纹的尺寸代号、公差代号、旋合长度代号、旋向代号各项之间用"—"号隔开。

表 5 - 1　常用的标准螺纹

螺纹种类			特征代号	牙型放大图	功　用
连接螺纹	普通螺纹	粗牙	M	60°	最常用的连接螺纹。细牙螺纹的螺距较粗牙的要小，用于细小的精密零件或薄壁零件
		细牙			
	55°管螺纹	非密封管螺纹	G	55°	管螺纹用于水管、油管、煤气管等的管道连接。 G——非螺纹密封用管螺纹 R_c——圆锥内管螺纹 R_p——圆柱内管螺纹 R_1——与圆柱内管螺纹相配合的圆锥外管螺纹 R_2——与圆锥内管螺纹相配合的圆锥外管螺纹
		密封管螺纹	R_c R_p R_1 R_2		
传动螺纹	梯形螺纹		T_r	30°	梯形螺纹可双向传递动力或运动，如机床上的丝杠
	锯齿形螺纹		B	3° 30°	锯齿形螺纹只能单向传递动力

(1)普通螺纹的标注

普通螺纹的标注格式：

螺纹特征代号　尺寸代号—公差带代号—旋合长度代号—旋向代号

①普通螺纹特征代号和尺寸代号

普通螺纹的螺纹特征代号用"M"表示。

粗牙普通螺纹用螺纹特征代号"M"及"公称直径"表示；细牙普通螺纹用螺纹特征代号"M"及"公称直径×螺距"表示。

　　如：公称直径为 10mm 的粗牙普通螺纹，其标注为 M10；

　　　　公称直径为 10mm 的细牙普通螺纹，螺距为 1，标注为 M10×1。

②螺纹公差带代号

普通螺纹公差带代号包括中径和顶径公差带代号。

螺纹公差带代号由表示公差等级的数字和表示公差带位置的字母组成，如 6H、6g 等，其中小写字母表示外螺纹，大写字母表示内螺纹。中径公差带代号与顶径公差带代号不相同要分别标注，如 M20—5g6g—S；若两者相同，则只标注一次，如 M20—6g。

螺纹公差带按短(S)、中(N)、长(L)有三组旋合长度给出了精密、中等、粗糙三种精度。普通螺纹优先选用的公差等级见表 5 - 2，表 5 - 3。

精度	公差带位置 G			公差带位置 H		
	S	N	L	S	N	L
精密	—	—	—	4H	5H	6H
中等	(5G)	6G	(7G)	5H	6H	7H
粗糙	—	(7G)	(8G)	—	7H	8H

表 5－3　外螺纹的推荐公差带

精度	公差带位置 e			公差带位置 f			公差带位置 g			公差带位置 h		
	S	N	L	S	N	L	S	N	L	S	N	L
精密	—	—	—	—	—	—	—	(4g)	(5g4g)	(3h4h)	4h	(5h6h)
中等	—	6e	(7e6e)	—	6f	—	(5g6g)	6g	(7g6g)	(5h6h)	6h	(7h6h)
粗糙	—	(8e)	(9e8e)	—	—	—	—	8g	(9g8g)	—	—	—

公差带优先选用为粗体的公差带,推荐按中等旋合长度选取。

③螺纹旋合长度代号

在一般情况下,不标注旋合长度,按中等旋合长度(N)来确定;必要时加注旋合长度代号 S 或 L。如 M20－7H－L,M20－5g6g－S。

④旋向代号

当螺纹为左旋时,在螺纹代号后加"LH"字,右旋不标注。

(2)管螺纹的标注

①管螺纹的标注格式:

螺纹特征代号　尺寸代号　公差等级代号—旋向代号。

管螺纹的尺寸代号是指管子的内径值,以英寸为单位。55°非螺纹密封的外管螺纹应标注公差等级,公差等级有 A,B 两种,标注在尺寸代号之后。

旋向代号中,若为右旋时不标注,若为左旋,用"LH"来注明。

如:G3/4LH 表示用于 55°非螺纹密封的圆柱内管螺纹,尺寸代号为 3/4,左旋。Rc1/2 表示用于 55°密封的右旋圆锥内管螺纹,尺寸代号为 1/2。

②对管螺纹要用指引线的形式进行标注。指引线从大径处引出,应尽量避免与剖面线平行。在表示为圆的视图上,指引线可由中心处引出。

(3)梯形螺纹的标注

梯形螺纹的标注格式:

螺纹特征代号　尺寸代号旋向代号—中径公差带代号——旋合长度代号

①梯形螺纹特征代号、尺寸代号及旋向代号

梯形螺纹的螺纹特征代号为用"T$_r$"表示

单线梯形螺纹用"尺寸规格×螺距"来表示,多线梯形螺纹用"尺寸规格×导程(P 螺距)"来表示。

若为右旋可不标注,若为左旋,用"LH"来注明。

②梯形螺纹的公差带代号

梯形螺纹只标注中径公差带代号,梯形螺纹的中径公差带主要有:

内螺纹:7H,8H,9H;

外螺纹:7h,7e,8e,8c,9c。

③梯形螺纹的旋合长度代号

按尺寸和螺距的大小分为中等旋合长度(N)和长旋合长度(L)。旋合长度为 N 时,不标注;旋合长度为 L 时,用代号"L"标注,旋合长度也可根据需要标写旋合长度数值。

例 5－1　$T_r40×7-7H$ 表示公称直径尺寸为 40mm 时,螺距为 7mm 的单线右旋梯形螺纹(内螺纹),中径公差带为 7H,中等旋合长度。

例 5－2　$T_r40×14(P7)LH-8e-L$ 表示公称直径尺寸为 40mm,导程为 14mm,螺距为 7mm 的双线左旋梯形螺纹(外螺纹),中径公差带为 8e,长旋合长度。

(4)锯齿形螺纹的标注

锯齿形螺纹的标注格式:

螺纹特征代号　尺寸代号　旋向代号—公差带代号—旋合长度代号

锯齿形螺纹只标注中径公差带代号。

例 5－3　$B40×14(P7)LH-8c-L$ 表示公称直径尺寸为 40mm,导程为 14mm,螺距为 7mm 的双线左旋锯齿形螺纹(外螺纹),中径公差带代号为 8c,为长旋合长度。

螺纹的标注示例见表 5－4。

表 5－4　螺纹标注示例

螺纹种类			代号或标注示例	说　明
连接螺纹	普通螺纹	粗牙	M20	粗牙普通外螺纹,公称直径 20mm,中径、顶径公差带代号为 6g,中等旋合长度,右旋
		细牙	M20×15-7H-L-LH	细牙普通内螺纹孔,公称直径 20mm,螺距为 1.5,中径、顶径公差带代号为 7H,长旋合长度,左旋
	55°管螺纹		G1A	非螺纹密封的管螺纹,尺寸代号为 1,中径公差等级为 A,右旋
			R_c1/2	螺纹密封的圆锥内管螺纹,尺寸代号为 1/2,右旋
传动螺纹	梯形螺纹		$T_r40×14(P7)LH-7H$	梯形螺纹,公称直径 40mm,导程为 14,螺距为 7,中径公差带为 7H,左旋
	锯齿形螺纹		B32×6	锯齿形螺纹,公称直径 32mm,螺距为 6mm,右旋

二、螺纹紧固件

1. 螺纹紧固件的种类和标记

常见的螺纹紧固件有螺钉、螺栓、螺柱、螺母、垫圈等。这些紧固件主要用来连接和紧固其他零部件。螺纹紧固件的结构、尺寸均标准化，在设计使用时，根据需要在相应标准中选取。

标准的螺纹紧固件标记格式一般如下：

名称　　标准号—螺纹规格×长度

常用螺纹紧固件的规定标记示例见表5-5。

表5-5　螺纹紧固件的规定标记示例

名称及视图	规定标记示例	名称及视图	规定标记示例
六角头螺栓 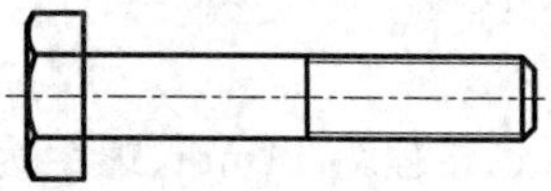	螺栓 GB/T 5782—2000 M6×35	双头螺柱 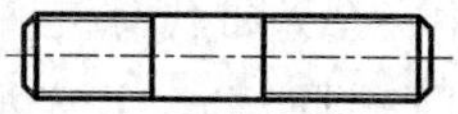	螺柱 GB/T 899—988 M6×25
内六角圆柱头螺钉 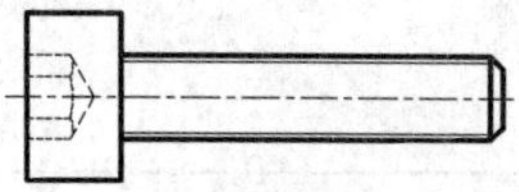	螺钉 GB/T 70.1—2000 M6×30	十字槽沉头螺钉 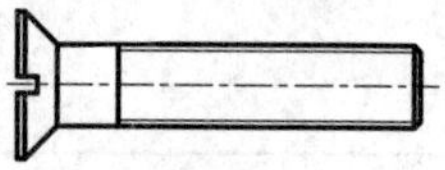	十字槽沉头螺钉 GB/T 68—2000 M6×30
I型六角螺母 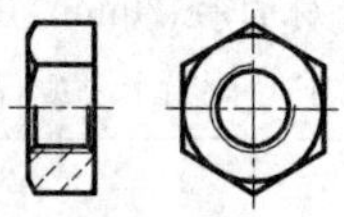	螺母 GB/T 6170—2000 M6	平垫圈 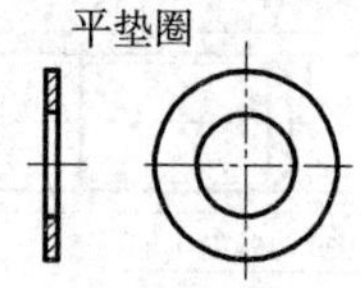	垫圈 GB/T 97.1—1985 12—140HV

2. 螺纹紧固件连接的画法

螺纹紧固件连接的主要形式有：螺栓连接、双头螺柱连接和螺钉连接。

画螺纹连接图的一般规定如下：

①两零件的接触面画一条线，不接触时按各自尺寸绘制。间隙过小可以夸大画出。

②在剖视图中，相邻两零件的剖面线方向相反，若方向一致则应间隔不等，相互错开。在同一张图纸上，同一零件在各个剖视图中的剖面线方向和间隔应一致。

③在剖视图中，当剖切平面通过螺纹紧固件或实心件的对称平面时，紧固件或实心件等均按不剖绘制，螺纹连接件上的工艺结构如倒角、退刀槽等均可省略不画。

④常用的螺栓、螺钉的头部以及螺母等可采用简化画法。

螺纹连接图绘制有以下两种方法：

查表法：根据螺纹紧固件的标记，从有关标准中查出其具体尺寸。

比例法：为方便绘图，螺纹紧固件的各部分尺寸，以公称直径 d 或 D 为参数按一定比例进行绘制。如图5-11所示。

(1)螺栓连接

螺栓连接由螺栓、螺母和垫圈组成，主要用来连接两个不太厚的零件。两个被连接零件上事先钻有比螺栓大径略大的通孔($1.1d$)，连接时，螺栓穿过这两个通孔，以螺栓的头部

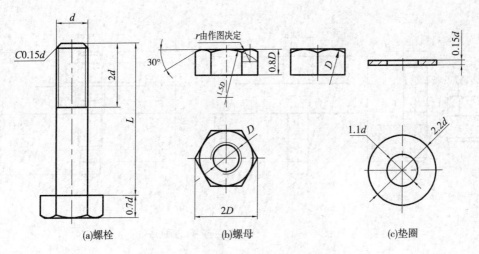

图 5-11　单个标准件的比例画法

抵住被连接件的下端面,在螺栓上端套上垫圈,以增加支承面和保护零件的表面,最后用螺母紧固。

如已知螺栓的型式、公称直径和连接件的厚度,由此可估算出螺栓的长度 L'。

$L'=$ 连接件的总厚度$(\delta_1+\delta_2)+$垫圈厚度$(h)+$螺母厚度$(H)+a$

式中 $a=(0.3-0.5)d$,是螺栓顶端露出螺母的高度。根据此式算出的是螺栓的参考长度 L',应查相应的螺栓标准,从标准中选取与 L' 相近的螺栓公称长度的数值。可选用查表法或比例法来绘制螺栓连接图,如图 5-12 所示是用比例法画出的螺栓连接图。

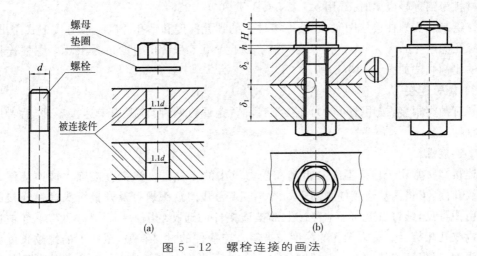

图 5-12　螺栓连接的画法

(2)双头螺柱连接

双头螺柱连接由双头螺柱、螺母和垫圈组成。在两个被连接的零件中,其中有一个较厚或不适宜用螺栓连接时,可采用双头螺柱连接。先在较薄的连接零件上钻有比螺栓直径略大的通孔$(1.1d)$,在较厚的连接零件上加工出内螺纹孔。双头螺柱一端旋入较厚零件的螺孔中,此端称为旋入端,另一端则穿过较薄零件的通孔,套上垫圈,用螺母紧固,此端称为紧固端。

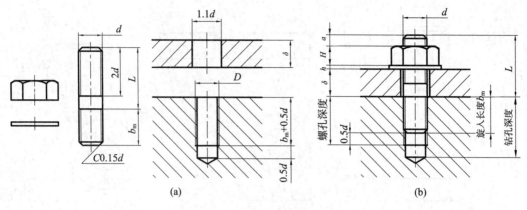

图 5 – 13　双头螺柱连接的画法

已知双头螺柱的型式、公称直径、被连接件的厚度以及旋入端零件的材料,可估算螺柱的参考长度 L'。

$$L' = 较薄零件的厚度(\delta) + 垫圈厚度(h) + 螺母厚度(H) + a$$

式中 $a = (0.3 - 0.5)d$,是螺柱顶端露出螺母的长度。根据此式算出的参考长度 L',查相关螺柱标准,从标准中选取与 L' 相近的螺柱有效长度 L 的数值。而螺柱旋入端的长度 b_m 与零件的材料有关。

材料为钢或青铜时,选用 $b_m = d$(GB/T 897—1988)

材料为铸铁时,选用 $b_m = 1.25d$ 或 $1.5d$(GB/T 898—1988)

材料为铝等轻金属时,选用 $b_m = 2d$(GB/T 900—1988)

在绘制双头螺柱连接图时,在较厚零件上的螺孔深度和钻孔深度一般可按下式给出:

螺孔深度 $= b_m + 0.5d$,钻孔深度 $=$ 螺孔深度 $+ 0.5d$,钻孔的锥角为 $120°$。螺柱连接装配图的比例画法如图 5 – 13(b)所示。

(3)螺钉连接

螺钉种类很多,按用途可分为连接螺钉和紧定螺钉两种,前者用来连接零件,后者用来固定零件。

①连接螺钉

连接螺钉常用于连接不经常拆卸和受力较小的零件。将螺钉直接旋入被连接件之一的螺纹孔内,可将两被连接件紧固。如图 5 – 14 为开槽盘头螺钉及开槽沉头螺钉连接的画法。由图可见,螺钉自上向下地穿过上部被连接件的通孔(孔径 $= 1.1d$),而与下部被连接件的螺纹孔相旋合。旋入螺孔的深度与被旋入连接件的材料有关,螺杆上的螺纹长度大于旋入深度,以保证连接可靠。而螺钉公称长度 L 可根据参考长度 L',查相关的螺纹数据来确定。($L' =$ 旋入深度 $b_m +$ 被连接件厚度 δ)。螺钉连接图中螺孔深度和钻孔深度与双头螺柱连接画法相同。

绘图时注意以下几点:

a.由于螺钉的种类较多,对沉头螺钉其头部槽口形状按相应的标准来绘制,设计时参见附录二。在投影为圆的视图中,有头部起子槽的一般按 $45°$ 角画出,槽宽若小于 2mm 时,可以涂黑表示,如图 5 – 14(b)所示。

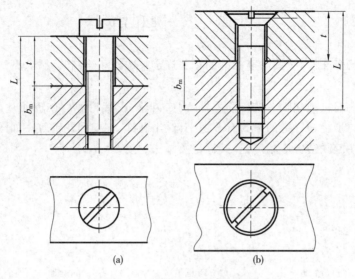

图 5-14　螺钉连接的画法

b. 螺钉头部的支承端面应与被连接件的孔口密合。

c. 绘制不穿通的螺孔时,按规定尺寸绘制螺孔深度和钻孔深度,孔底画有120°的锥角。

d. 可采用近似画法绘制螺钉头部,如图5-15所示。

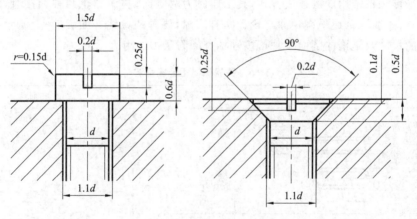

图 5-15　螺钉头的近似画法

②紧定螺钉

　　紧定螺钉用来固定零件,防止两个相配合的零件产生相对运动,如图5-16所示。用锥端紧定螺钉固定轮与轴的相对位置,使它们相互间不能产生轴向移动。

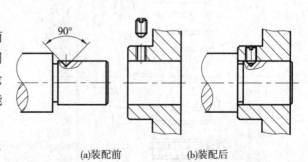

(a)装配前　　　　(b)装配后

图 5-16　螺钉连接

§5－2　键和销

键和销都是标准件,应按国家标准的有关规定来选择和绘制其结构、型式及其尺寸。

一、键联结

键通常用来连接轴和轴上的传动零件,例如齿轮、皮带轮等。在转动时,通过扭矩的传递作用使两者同步旋转。键的形式有普通平键、半圆键、楔键和花键等。如图5－17所示。

普通平键在键联结中应用广泛,其标记及画法见表5－6。

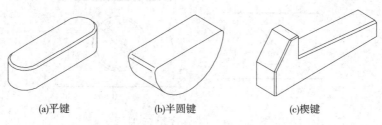

(a)平键　　　　　　　(b)半圆键　　　　　　　(c)楔键

图5－17　常用的键

1.常用键的画法与规定标记

（1）普通平键

普通平键是最常用的键连接方式,其工作面为两侧面,侧面与轮和轴都接触,底面与轴接触,只画一条线。普通平键顶面与轮毂间有间隙,要画两条线。如表5－6所示。常用的普通平键的尺寸及键槽的剖面尺寸可按轴径查阅附录中的附表。

表5-6　键的标记和连接画法

名称		图例	标记	连接画法
普通平键	A型	C或r h b L	键宽$b=8$ 长度$L=30$ 标记为 键　8×30 GB/T 1096—2003	轮毂 键 轴
	B型	C或r h b L	键宽$b=8$ 长度$L=30$ 标记为 键　B8×30 GB/T 1096—2003	
	C型	C或r h b L	键宽$b=8$ 长度$L=30$ 标记为 键　C8×30 GB/T 1096—2003	

名称	图例	标记	连接画法
半圆键		键宽 $b=8$ 长度 $L=30$ 标记为 键 8×30 GB/T 1099—2003	键 轴
钩头楔键		键宽 $b=8$ 长度 $L=40$ 标记为 键 8×40 GB/T 1565—2003	键 轴

普通平键有 A,B,C 三种型式,其形状和标记见表 5-6 所示。标记时,A 型键可省略 A 型标记。

（2）半圆键

半圆键用于载荷不大的传动轴上,其画法与普通平键相似,如图所示。半圆键的形状和标记见表 5-6。

（3）楔键

楔键有普通楔键和钩头楔键两种。

楔键顶面为 1：100 的斜度,装配时打入键槽,靠键的顶面和底面与轮和轴挤压产生的摩擦力而连接,上下两接合面应画一条线。常用的钩头楔键的形状和标记如表 5-6 所示。

2. 花键的画法与规定标记

花键连接可靠、传递的扭矩大、对中导向性好,应用十分广泛。花键的齿形有矩形、渐开线等,最常见的是矩形花键,下面介绍矩形花键的画法与标记。

（1）外花键的画法

在平行花键轴线的投影面的剖视图上,大径用粗实线绘制,小径用细实线绘制;用断面画其齿形,注明其齿数,如图 5-18 所示。

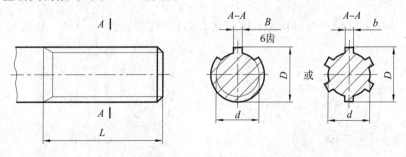

图 5-18 外花键的画法

花键工作长度的终止端和尾部长度的末端均用细实线绘制,并与轴线垂直;尾部画成与轴线成30°的细实线;花键代号应指在大径上。

(2)内花键的画法

在平行花键轴线的投影面的剖视图上,大径及小径用粗实线绘制;用局部视图画出齿形,注明其齿数,如图5-19所示。

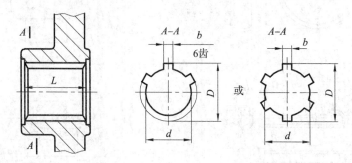

图5-19 内花键的画法

(3)花键连接的画法

用剖视图表示花键连接时连接部分按外花键的画法绘制,如图5-20所示。

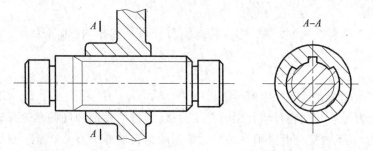

图5-20 内外花键连接的画法

(4)花键的标注

标注方法有两种,一种为在图中注出公称尺寸D(大径)、d(小径)、b(键宽)和z(齿数)。另一种为用引线注出花键的代号,代号形式为$z-D \times d \times b$。无论采用哪种注法,花键的工作长度L都要标注。

二、销连接

销在机器中起定位和连接作用。常用的有圆柱销、圆锥销、开口销。如图5-21所示。

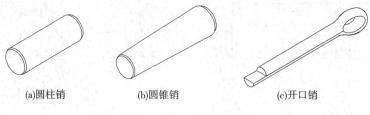

(a)圆柱销　　　　(b)圆锥销　　　　(c)开口销

图5-21 常用的销

用圆柱销和圆锥销连接零件时,被连接零件的销孔应在装配时同时加工,并在图中注明。
圆柱销和圆锥销在剖视图中,当剖切平面通过销的轴线时,按不剖来绘制,如图 5－22 所示。

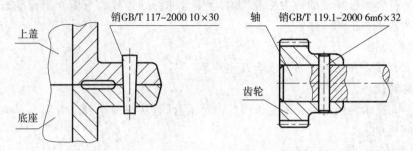

图 5－22　销连接

开口销与槽形螺母配合使用,它穿过螺母上的槽和螺杆上的孔以防止螺母松动。如图
5－23 所示。

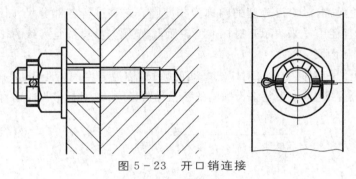

图 5－23　开口销连接

§5－3　齿轮

齿轮在机械传动中应用广泛,它不仅能够传递动力,而且可以改变转速和方向。齿轮
参数中的模数和压力角已被标准化,属于常用件。

齿轮的种类很多,常用的有以下三类:

圆柱齿轮用于平行两轴的传动,圆锥齿轮用于相交两轴的传动,蜗轮和蜗杆用于交叉
两轴的传动,如图 5－24 所示。

(a)圆柱齿轮　　　　　　(b)圆锥齿轮　　　　　　(c)蜗轮蜗杆

图 5－24　齿轮的应用

在传动中,为了传动平稳、啮合正确,齿轮常制成渐开线、摆线或圆弧形齿廓。按轮齿与轴线的方向及形状,又可分为直齿、斜齿和人字齿等。

凡轮齿符合国标规定的称为标准齿轮,否则为非标准齿轮。下面介绍标准渐开线直齿圆柱齿轮的基本知识和画法。

一、圆柱齿轮

(一)直齿圆柱齿轮的几何要素和尺寸计算

1. 名称和代号

图 5-25 所示为两个啮合的直齿圆柱齿轮示意图,从图中来可以看到直齿圆柱齿轮各部分的几何要素。

(1)节圆直径 d' 和分度圆直径 d

O_1 与 O_2 为两啮合齿轮的中心,两齿轮的一对齿廓啮合接触点是在连心线 O_1O_2 上的点 C 处(此点称为节点)。分别以 O_1 与 O_2 为圆心,O_1C、O_2C 为半径作圆,两齿轮的传动可看作为这两个圆在节点处作无滑动的纯滚动,这两个圆被称为节圆,其直径用 d' 表示。

对单个齿轮而言,对轮齿分度的圆称为分度圆。它是进行各部分尺寸计算的基准圆,也是分齿圆,其直径用 d 来表示。对标准齿轮而言,节圆与分度圆是一致的,$d=d'$。

(2)齿距 p 和齿厚 s

在分度圆上两相邻同侧齿廓对应点之间的弧长,称为分度圆齿距 p。两啮合齿轮的齿距应相等。在分度圆上,一个轮齿齿廓间的弧长称为齿厚 s。对标准齿轮而言,$s=p/2$。

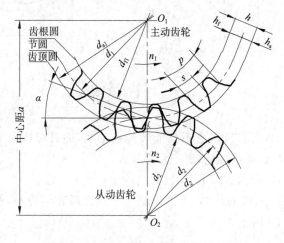

图 5-25 啮合的圆柱齿轮示意图

(3)模数 m

以 z 代表齿数,则有分度圆的周长:

$$d\pi = pz$$

既　　$d=pz/\pi$

令　　$m=p/\pi$(称为模数),则有:

$$d=mz$$

因为两啮合齿轮的齿距 p 必须相等,所以它们的模数 m 必须相等。模数 m 是设计制造齿

94

轮的一个重要参数。模数越大,轮齿的各部尺寸随之增大,承载能力也越大。GB/T 1357—2008 规定了模数系列的标准,如表5-7所示。

表5-7　常用齿轮标准模数(GB/T 1357—2008)

第一系列	1	1.25	1.5	2	2.5	3	4	5	6	8	10	12	16	20	25	32	40	50
第二系列	1.75	2.25	2.75	3.5	4.5	5.5	(6.5)	7	9	11	14	18	22	28	36	45		

选用模数时,应优先选用第一系列,其次选用第二系列,括号内的模数尽可能不用

(4)压力角 α

在互相啮合的两齿轮上,过节点 C 作齿形的公法线,与两节圆的公切线间的夹角称为压力角,以 α 来表示。压力角实际为轮齿在节点 C 处所受压力方向与瞬时运动方向的夹角,标准的压力角为 $20°$。

(5)中心距 a

两啮合齿轮中心之间的距离,称为中心距 a。

$$A=d_1/2+d_2/2=m(z_1+z_2)/2$$

(6)传动比 i

主动齿轮的转速 n_1(转/分)与从动齿轮的转速 n_2(转/分)之比,用 i 来表示。

由此可得:

$i=n_1/n_2=z_2/z_1$ 　(n_1、z_1 为主动齿轮的转速和齿数 n_2,z_2 为从动齿轮的转速和齿数)

(7)齿顶圆,齿根圆和齿高

通过轮齿顶部的圆称为齿顶圆,其直径用 d_a 来表示。通过轮齿根部的圆称为齿根圆,其直径用 d_f 来表示。

齿顶到齿根的径向距离称为齿高,用 h 来表示。它分为两部分,自分度圆到齿顶圆的径向距离称为齿顶高,用 h_a 来表示;自分度圆到齿根圆的径向距离称为齿根高,用 h_f 来表示。

2.齿轮各几何要素的尺寸计算

在设计制造齿轮时,按表5-8计算齿轮各几何要素的尺寸。

表5-8　圆柱齿轮各部分尺寸计算公式

基本参数:模数 m　齿数 z　压力角 α			示意图
名　称	符　号	计算公式	
分度圆直径	d	$d=mz$	
齿顶圆直径	d_a	$d_a=m(z+2)$	
齿根圆直径	d_f	$D_f=m(z-2.5)$	
齿顶高	h_a	$h_a=1m$	
齿根高	h_f	$h_f=1.25m$	
齿　高	h	$h=2.25m$	
齿　距	p	$p=m\pi$	
中心距	a	$a=m(z_1+z_2)/2$	
分度圆齿厚	s	$S=p/2$	

（二）圆柱直齿轮的画法

齿轮一般在齿轮加工机床上加工出来,不需要画出它真实的投影,机械制图国家标准对它的画法作了如下的规定。

1. 单个齿轮的画法

如图 5 - 26 所示,齿轮的齿顶圆和齿顶线用粗实线绘制;分度圆和分度线用点划线绘制;齿根圆与齿根线一般用细实线绘制,也允许省略不画,在剖视图中,规定轮齿部分不剖,齿根线要用粗实线来绘制。

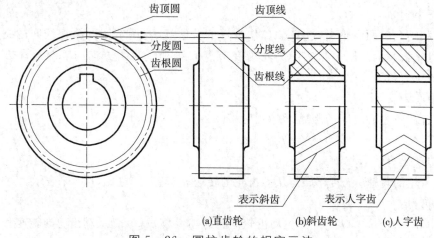

(a)直齿轮　　(b)斜齿轮　　(c)人字齿

图 5 - 26　圆柱齿轮的规定画法

当需表示轮齿方向时,则在非圆视图的外形上画出三条平行的细实线,以表示齿形和齿向。如图 5 - 26(b)、(c)所示。

2. 啮合画法

两啮合齿轮它们的模数与压力角必须相等,此时两齿轮的节圆相切。

在端视图上,两节圆相切。啮合区域内的齿顶圆用粗实线绘制,也可采用省略画法,如图 5 - 27 所示。

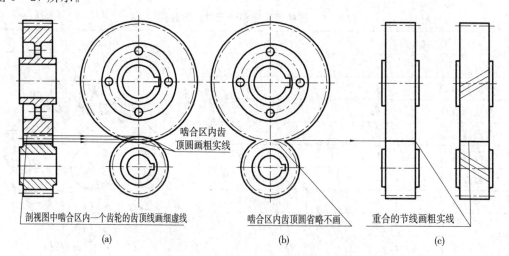

(a)　　　　　　　　(b)　　　　　　　　(c)

图 5 - 27　圆柱齿轮啮合的规定画法

在非圆剖视图上,剖切平面通过两啮合齿轮的轴线时,在啮合处节线用点画线绘制;其中一个齿轮轮齿被遮挡部分用虚线绘制,也可以省略不画,其余两齿根线和另一齿轮的齿顶线用粗实线绘制。

注意:一个齿轮的齿顶线与另一齿轮的齿根线有 0.25m 的间隙,如图 5-28 所示。

(三)齿轮与齿条的画法

当齿轮的直径为无限大时,齿轮就成为齿条,此时,齿顶圆、分度圆、齿根圆以及齿廓均为直线。绘制齿轮与齿条的啮合图时,在齿轮表达为圆的外形图上,齿轮的节圆与齿条的节线相切。在剖视图上,啮合区的一齿顶线画为粗实线,另一轮齿被遮部分画为虚线或省略不画,如图 5-29 所示。

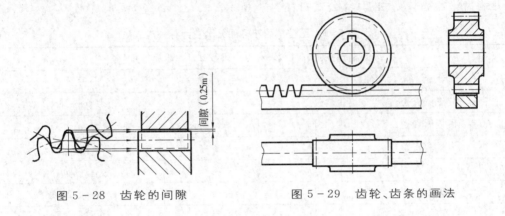

图 5-28　齿轮的间隙　　　　图 5-29　齿轮、齿条的画法

(四)圆柱斜齿轮的计算与画法

斜齿圆柱齿轮简称斜齿轮。一对啮合的斜齿轮轴线保持平行。斜齿轮可以看作如图 5-30(a)所示由一个正齿轮在垂直轴线方向切成几片并错开一个角度,就变成了一个阶梯齿轮。如果假想将直齿轮切成无数的多片,并相互连续错开就形成了斜齿轮,如图 5-30(b)所示。

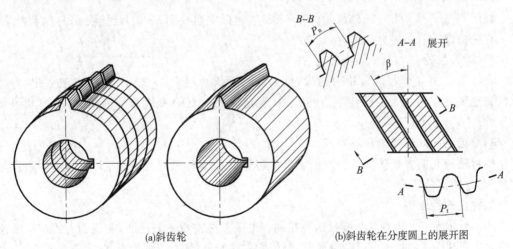

(a)斜齿轮　　　　　　　　(b)斜齿轮在分度圆上的展开图

图 5-30　斜齿轮及其的展开

轮齿在分度圆柱面上与分度圆柱轴线的倾角称为螺旋角,以 β 表示。

斜齿轮在端面方向(垂直于轴线)上有端面齿距 P_t 和端面模数 M_t,而在法面方向(垂直于螺旋线)上有法向齿距 P_n 和法向模数 M_n,并有以下关系式:

$$P_n = P_t \cos\beta$$

可得:
$$M_n = P_n/\pi, M_t = P_t/\pi$$
$$M_n/M_t = P_n/P_t = \cos\beta$$

因此:
$$M_n = M_t \cos$$

加工斜齿轮的刀具,其轴线与轮齿的法线方向一致,为了和加工直齿轮的刀具通用,将斜齿轮的法向模数 M_n 取为标准模数。齿高也由法向模数确定。

斜齿轮啮合的运动分析在平行于端面的平面进行。分度圆直径由端面模数 M_t 确定。标准斜齿轮各基本尺寸的计算公式如表 5-9 所示。

表 5-9　圆柱斜齿轮各部分尺寸计算公式

基本参数:法向模数 m_n　　齿数 z　　螺旋角 β

名　　称	符　　号	计算公式
分度圆直径	d	$d = m_n z/\cos\beta$
齿顶圆直径	d_a	$d_a = d + 2m_n$
齿根圆直径	d_f	$d_f = d - 2.5m_n$
齿顶高	h_a	$h_a = 1m_n$
齿根高	h_f	$h_f = 1.25m_n$
齿　高	h	$h = 2.25m_n$
齿　距	p_n	$p_n = m_n\pi$
中心距	A	$A = m_n(z_1 + z_2)/2\cos\beta$

(五)圆柱齿轮的零件图

如图 5-31 所示为一圆柱齿轮的零件图,它包括一组视图;一组尺寸;必需的技术要求;齿轮相关精度参数表等。

二、圆锥齿轮

在圆锥面上分布着锥齿轮的轮齿,锥齿轮的轮齿一端大,一端小,齿厚逐渐变化,直径与模数也随之变化。为了设计制造的方便,规定以大端上的模数为标准模数,决定其他相关尺寸。

1. 锥齿轮的几何要素和基本尺寸

锥齿轮的几何要素如图 5-32 所示。锥齿轮的各部分尺寸与齿数、大端的模数和锥角有关,尺寸计算公式如表 5-10 所示。

2. 锥齿轮的画法

单个锥齿轮的规定画法与圆柱齿轮相同。主视图通常画成剖视图,左视图上用粗实线绘制齿轮大端和小端的齿顶圆,用点画线绘制齿轮大端的分度圆,不画齿根圆,如图 5-32 所示。

两啮合锥齿轮其模数必须相等。两啮合锥齿轮的啮合画法如图 5-33 所示。主视图画成剖视图,由于节圆锥面相切,其节线重合,画为点画线;在啮合区中,一齿轮轮齿被遮挡部分用虚线绘制或省略不画,其余两齿根线和另一齿轮的齿顶线用粗实线绘制。左视图为外形视图。

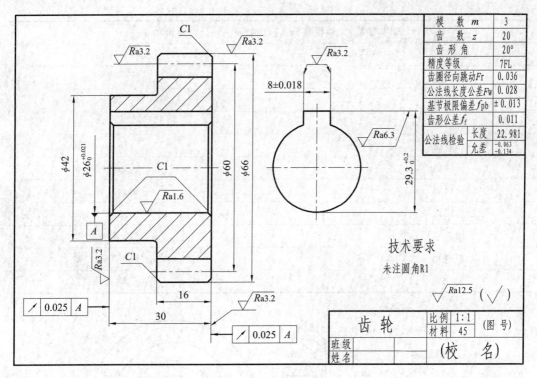

模　数 m	3
齿　数 z	20
齿 形 角	20°
精度等级	7FL
齿圈径向跳动F_r	0.036
公法线长度公差F_W	0.028
基节极限偏差f_{pb}	± 0.013
齿形公差f_f	0.011
公法线检验　长度	22.981
允差	$^{-0.063}_{-0.134}$

技术要求

未注圆角R1

$\sqrt{Ra12.5}$ ($\sqrt{}$)

齿　轮	比例	1:1	(图号)
	材料	45	
班级			(校　名)
姓名			

图 5－31　齿轮工作图

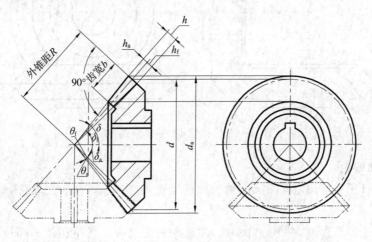

图 5－32　锥齿轮各部分的几何要素

表 5－10　锥齿轮各部分尺寸计算公式

基本参数：大端模数 m　　齿数 z　　分度圆锥角 δ

名　　称	符　　号	计算公式
分度圆直径	d	$d = mz$
齿顶圆直径	d_a	$d_a = m(z + 2\cos\delta)$
齿根圆直径	d_f	$d_f = m(z - 2.4\cos\delta)$

基本参数：大端模数 m	齿数 z	分度圆锥角 δ
名　　称	符　　号	计算公式
齿顶高	h_a	$h_a = 1m$
齿根高	h_f	$h_f = 1.2m$
齿　高	h	$h = 2.2m$
外锥距	R	$R = mz/2\sin\delta$
齿顶角	θ_a	$\tan\theta_a = 2\sin\delta/z$
齿根角	θ_f	$\tan\theta_f = 2.4\sin\delta/z$
分度圆锥角	δ	$\delta_1 + \delta_2 = 90$
顶锥角	δ_a	$\delta_a = \delta + \theta_a$
根锥角	δ_f	$\delta_f = \delta - \theta_f$
齿　宽	b	$b \leqslant L/3$

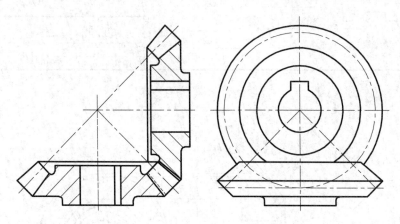

图 5-33　锥齿轮的啮合画法

三、蜗杆和蜗轮

蜗轮与蜗杆用于传递空间交叉两轴的旋转运动，工作中，蜗杆为主动件，蜗杆把动力传递给蜗轮。

蜗杆相当于梯形螺纹，有单线和多线，左旋和右旋之分。蜗轮相似于圆柱齿轮，为了蜗轮与蜗杆啮合充分，以利于传递动力，在蜗轮的外圆柱面上加工出圆弧形环面。其轮齿与轴向之间成一螺旋角，螺旋角与蜗杆的牙型升角要相等，方向相同。

蜗轮与蜗杆传动可得到较大的传动比

$$i = n_1(蜗杆的转速)/n_2((蜗轮的转速) = z_2(蜗轮齿数)/z_1(蜗杆齿数)$$

蜗轮与蜗杆传动结构紧凑，但摩擦大，效率低。

1. 蜗轮与蜗杆的几何要素和基本尺寸

在一对啮合的蜗轮与蜗杆中，规定以蜗杆的轴向模数为标准模数，它等于蜗杆的端面模数，$m = m_x$。

蜗杆及蜗轮各部分尺寸的计算公式如表 5-11,表 5-12 所示。

表 5-11 蜗杆各部分尺寸计算公式

基本参数:轴向模数 m_x 杆头数 Z 蜗杆的特征系数 q

名　称	符　号	计算公式
分度圆直径	d_1	$d_1 = m_x q$
齿顶圆直径	d_{a1}	$d_{a1} = m_x(q+2)$
齿根圆直径	d_{f1}	$d_{f1} = m_x(q-2.4)$
齿顶高	h_a	$h_{a1} = m_x$
齿根高	h_f	$h_{f1} = 1.2m_x$
齿　高	h	$h_1 = 2.2m_x$
轴向齿距	P_X	$P_X = z_1 m_x$
分度圆导程角	λ	$\tan\lambda = z_1/q$
蜗杆螺线导程	P_Z	$P_Z = z_1 P_X$
蜗杆齿宽	b_1	$b_1 \approx (13\sim16)m_x$(当 $z_1 = 1\sim2$)
		$b_1 \approx (15\sim20)m_x$(当 $z_1 = 3\sim4$)

表 5-12 蜗轮各部分尺寸计算公式

基本参数:轴向模数 m_t,蜗轮齿数 Z_2

名　称	符　号	计算公式
分度圆直径	d_2	$d_2 = m_t z_2$
齿顶圆直径	d_{a2}	$d_{a2} = m_t(z_2+2)$
齿根圆直径	d_{f2}	$d_{f2} = m_t(z_2-2.4)$
齿顶圆弧半径	R_{a2}	$R = d_{f1}/2 = 0.2m_t = d_1/2 - m_t$
蜗轮涡杆中心距	a	$a = (d_1+d_2)/2 = 1/2m_t(z_2+q)$
蜗轮外径	D	$D \leqslant d_{a2} + 2m_t(z_1 = 1)$
		$D \leqslant d_{a2} + 1.5m_t(z_1 = 2\sim3)$
		$D \leqslant d_{a2} + m_t(z_1 = 4)$
蜗轮宽度	b_2	$b_2 \leqslant 0.75d_{a1}(z_1 \leqslant 3)$
		$b_2 \leqslant 0.67d_{a1}(z_1 = 4)$
螺旋角	β	$\beta = \gamma$ 旋向相同

因为蜗轮的齿形由蜗杆的齿形来决定,通常蜗轮的尺寸、形状与蜗杆相同,顶径略大于蜗杆顶径的滚刀加工。由于相同模数的蜗杆可能有很多不同的蜗杆直径存在,因而加工蜗轮所需的蜗轮滚刀很多。为了减少蜗轮滚刀的数量,规定了对应一定模数的蜗杆分度圆直径,引出蜗杆特性系数。$q = d$(蜗杆的分度圆直径)$/m$(模数)它的标准值如表 5-13 所示。

表 5 – 13　标准模数和蜗杆的特性系数

m	1	1.5	2	2.5	3	(3.5)	4	(4.5)	5	6	(7)	8	(9)	10	12
q	9	9	13	12	12	12	11	11 12	10 11	9 11	9 11	8 11	8 11	8 11	8 11

2. 蜗轮与蜗杆的画法

（1）蜗杆的画法

蜗杆的画法与圆柱齿轮的画法相似，一般还要增加局部剖视图或局部放大图来表达蜗杆的齿形，如图 5 – 34 所示。

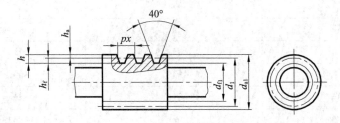

图 5 – 34　蜗杆的几何要素和画法

（2）蜗轮的画法

蜗轮的轮齿为圆弧形。画蜗轮时，应根据中心距定出蜗杆的轴心，以此轴心为圆心，绘制蜗轮的齿顶线、分度线、齿根线，轮齿不剖；在投影为圆的视图上，只画分度圆和外圆，其他圆不画。如图 5 – 35 所示。

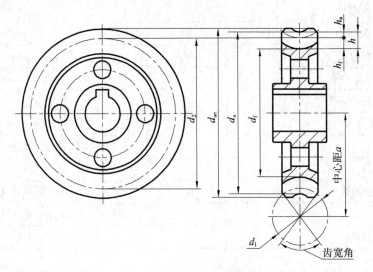

图 5 – 35　蜗轮的几何要素和画法

（3）蜗轮与蜗杆啮合的画法

在蜗杆为圆的视图上，蜗轮与蜗杆投影重合部分，只画蜗杆投影；在蜗轮为圆的视图上，啮合区内蜗杆的节线与蜗轮的节圆相切。

在蜗轮与蜗杆啮合的剖视图中，主视图一般采用全剖，左视图采用局部，如图 5 – 36（a）

所示。

在蜗轮与蜗杆啮合的外形图中,在啮合区内蜗杆的齿顶线与蜗轮的外圆均用粗实线绘制,如图5-36(b)所示。

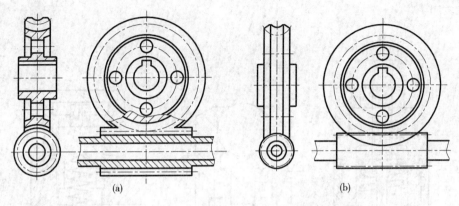

(a)   (b)

图5-36 蜗杆、蜗轮的啮合画法

§5-4 弹簧

弹簧用途广泛,它主要用于减震、夹紧、储存能量等。常见的弹簧有螺旋弹簧、涡卷弹簧等。根据受力方向的不同,螺旋弹簧又分为压缩弹簧、拉伸弹簧、扭转弹簧,如图5-37所示。这里只介绍圆柱螺旋压缩弹簧的画法和尺寸计算。

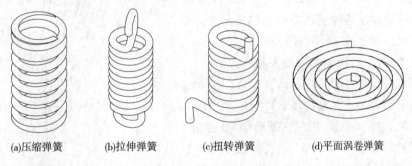

(a)压缩弹簧   (b)拉伸弹簧   (c)扭转弹簧   (d)平面涡卷弹簧

图5-37 常用的弹簧

一、圆柱螺旋压缩弹簧的规定画法

(1)在平行于弹簧轴线的投影面上的视图中,各圈外轮廓要画成直线,如图5-38所示。

(2)当弹簧的有效圈数在四圈以上,中间各圈可省略不画。中间部分省略后,可适当缩短图形的长度,如图5-38所示。

(3)在装配图中,被弹簧挡住的结构一般不画出,可见部分应从弹簧的外轮廓线或从弹簧钢丝剖面的中心线画起,如图5-39(a)所示。

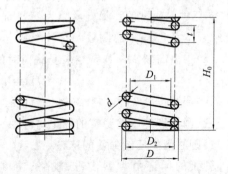

图5-38 圆柱螺旋压缩弹簧的画法图

（4）在装配图中，弹簧被剖切时，如果弹簧钢丝剖面的直径，在图形上等于或小于2mm，剖面可以涂黑表示，如图5-39（b）所示；也可采用示意画法，如图5-39（c）所示。

（5）在图样上，螺旋弹簧均可画成右旋，但左旋螺旋弹簧无论画成左旋还是右旋，一律要加注为"LH"。

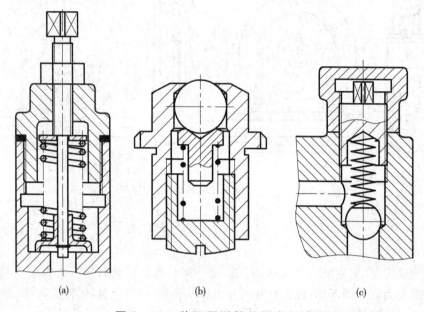

图5-39　装配图弹簧的规定画法

二、圆柱螺旋压缩弹簧的各部名称及尺寸计算

（1）簧丝直径d：弹簧钢丝的直径。

（2）弹簧外径D：弹簧最大的直径。

弹簧内径D_1：弹簧最小的直径，$D_1=D-2d$。

弹簧中径D_2：弹簧内径和外径的平均值$D_2=(D+D_1)/2=D_1+d=D-d$。

（3）节距t：除两端外，相邻两圈的轴向距离。

（4）有效圈数n、支承圈数n_2、总圈数n_1

为了使压力弹簧在工作时受力均匀、支承平稳，要求两端面与轴线垂直。制造时，常把两端的弹簧圈并紧和磨平，使其支承平稳，称为支承圈。支承圈根据需要有1.5圈，2圈，2.5圈三种。通常的弹簧支承圈为2.5圈，其余各圈保持相等的节距，称为有效圈数。

$$总圈数=有效圈数+支承圈数　　　即　　n_1=n_2+n$$

（5）自由高度H_0：弹簧在未受载荷时的弹簧高度。

$$H_0=n_t+(n_2-0.5)d$$

（6）展开长度L：制造弹簧时坯料的长度。

三、圆柱螺旋压缩弹簧的标记与画法

1.圆柱螺旋压缩弹簧的标记

弹簧的标记由类型代号、规格、精度代号、旋向代号及标准号组成：Y□　$d×D×H_0$——精度代号　旋向代号　GB/T 2089—2009

104

其中 Y□——弹簧类型代号。YA 表示冷卷两端并紧磨平型,YB 表示热卷两端圈并紧制扁型。

$d \times D \times H_0$——规格代号。d 表示弹簧的材料直径,D 表示弹簧中径,H_0 表示弹簧自由高度。

精度代号——2 级精度不表示,3 级应标明"3"。

旋向代号——左旋应注明左,右旋不表示。

标准号——GB/T 2089—2009

2. 圆柱螺旋压缩弹簧的标记示例

YB 型弹簧,材料直径 30,弹簧中径 150,自由高度 320,精度等级为 2 级的右旋弹簧。

标记:YB 30×150×320　GB/T 2089—2009

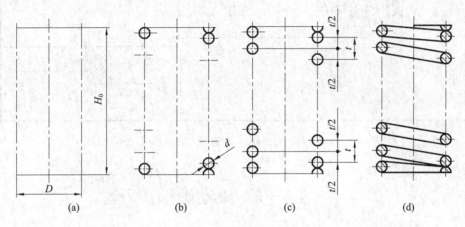

图 5-40　弹簧的画图步骤

3. 圆柱螺旋压缩弹簧的画法

对于两端并紧、磨平的压缩弹簧,无论其支承圈的圈数是多少,均可按支承圈为 2.5 圈来绘制,但要标注上实际的尺寸和参数,必要时允许按支承圈的实际结构绘制。

例 5-4 已知弹簧外径 $D=45\text{mm}$,簧丝直径 $d=5\text{mm}$,节距 $t=10\text{mm}$,有效圈数 $n=8$,支承圈数 $n_2=2.5$,右旋,试画出这个弹簧。

解:先进行计算,然后作图。弹簧中径 $D_2=D-d=40\text{mm}$,自由高度 $H_0=nt+(n_2-0.5)d=8\times10+(2.5-0.5)\times5=90\text{mm}$。

画图步骤如图 5-40 所示:(a)以自由高度 H_0 和弹簧中径 D 作图。(b)画出支承圈部分和材料直径相等的圆珠笔和半圆。(c)根据节距 t 作簧丝剖面。(d)按右旋方向做相应圆的公切线,画剖面线。

四、圆柱螺旋压缩弹簧零件图示例

图 5-41 为螺旋压缩弹簧零件图,在轴线水平放置的弹簧主视图上,注出完整的尺寸和尺寸公差、形位公差;用文字叙述技术要求,并在零件图上方用图解表示弹簧受力的压缩长度。

105

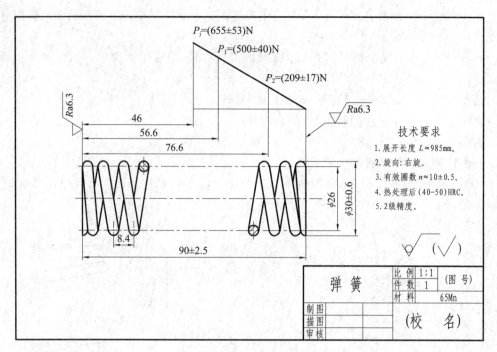

$P_j=(655\pm53)N$

$P_1=(500\pm40)N$

$P_2=(209\pm17)N$

46

56.6

76.6

$\phi26$

$\phi30^{+0.6}_{0}$

8.4

90±2.5

$\sqrt{Ra6.3}$ $\sqrt{Ra6.3}$

技术要求

1. 展开长度 $L\approx985mm$。
2. 旋向:右旋。
3. 有效圈数 $n\approx10\pm0.5$。
4. 热处理后(40-50)HRC。
5. 2级精度。

$\sqrt{}$ ($\sqrt{}$)

弹簧	比 例	1:1	(图号)
	件 数	1	
	材 料	65Mn	
制图			(校 名)
描图			
审核			

图 5-41　弹簧零件图

§5—5　滚动轴承

　　在机器中,滚动轴承是支承旋转轴的标准组件,它具有摩擦小、结构紧凑、机械效率高的特点,因此在机械传动中应用十分广泛。本节介绍三种常用的滚动轴承,其型式与尺寸可查阅附录中的相关标准。

一、滚动轴承结构和种类

　　滚动轴承的种类很多,但其结构大体相同,一般有外圈、内圈、滚动体和保持架组成,如图 5-42 所示。外圈一般装在机座的孔中,固定不动;而内圈套在转动的轴上,随轴转动,如图 5-43 所示。

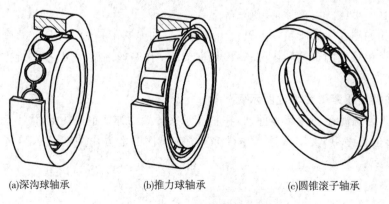

(a)深沟球轴承　　　　　(b)推力球轴承　　　　　(c)圆锥滚子轴承

图 5-42　各类轴承

滚动轴承按受力情况有三类：

（1）径向轴承：主要承受径向载荷。

（2）止推轴承：只承受轴向载荷。

（3）径向止推轴承：可同时承受径向和轴向载荷。

二、滚动轴承的画法

滚动轴承的画法有规定画法、通用画法和特征画法。通用画法和特征画法又称为简化画法。在剖视图中，当不需要确切表达滚动轴承的外形轮廓、载荷特性、结构特征时，可用如表5-14的画法绘制。一般情况下，通用画法与规定画法可同时使用，如表5-15所示。

特征画法适用于只需简单表达滚动轴承结构的情况。

由于滚动轴承是标准组件，因此在画图时不必绘制其零件图，在装配图上一般采用规定画法来绘制时应从标准中

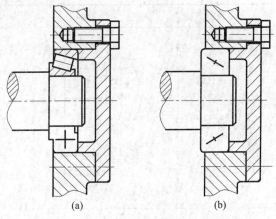

图 5-43　装配图中轴承的画法

查出外径 D、内径 d、宽度 B 等几个主要尺寸，按表5-14和表5-15的尺寸比例画图。

表 5-14　通用画法的尺寸比例示例

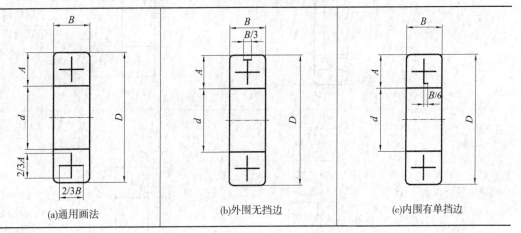

| (a)通用画法 | (b)外围无挡边 | (c)内围有单挡边 |

1. 基本规定

（1）通用画法、特征画法和规定画法的符号、矩形边框和轮廓均画成粗实线。

（2）矩形边框和外形轮廓均与滚动轴承的外形尺寸一致，并与所属图样采用同一比例绘制。

（3）在用通用画法、特征画法绘制滚动轴承的剖视图时，均不画剖面符号。

2. 规定画法

（1）按规定画法画滚动轴承时，一侧按规定画法绘制，一侧按通用画法绘制，轴承的保持架和倒角省略不画。

（2）画剖视图时，轴承的滚动体不画剖面符号，各套圈画成方向和间隔一样的剖面符号。

3. 通用画法

(1)在剖视图中不需要确切表达轴承的具体结构特点时,可按表5-14(a)绘制。

(2)当需要表示滚动轴承内外圈有无挡圈时可按表5-14(b)、(c)绘制。

常用的滚动轴承的代号、规定画法、特征画法及应用情况,见表5-15。

表5-15

轴承名称及代号	规定画法	特征画法	应用
深沟球轴承 (GB/T 276—1994) 60000 型	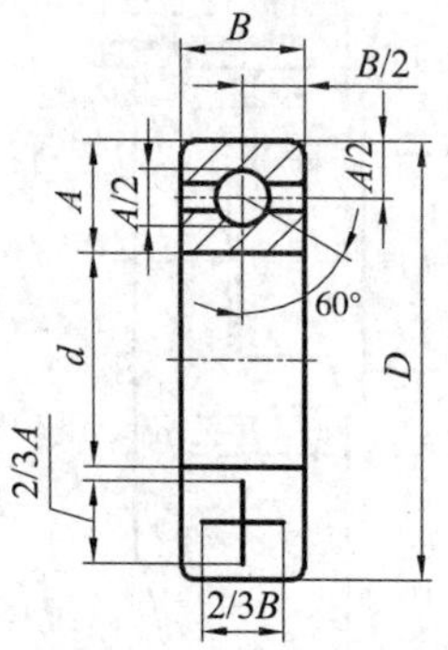	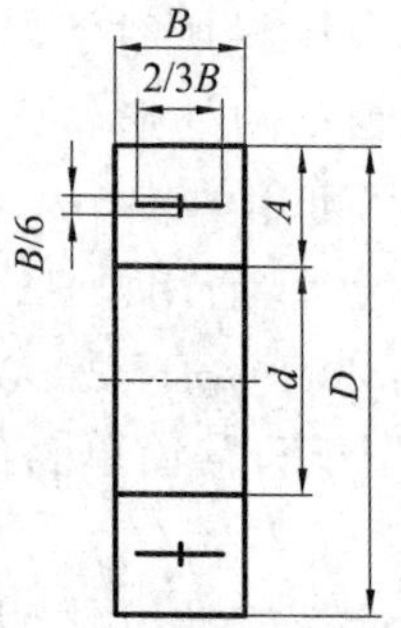	主要承受径向载荷
推力球轴承 (GB/T 301—1995) 51000 型	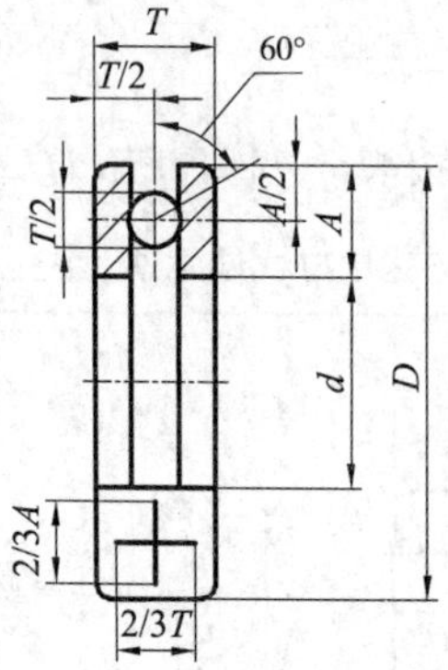	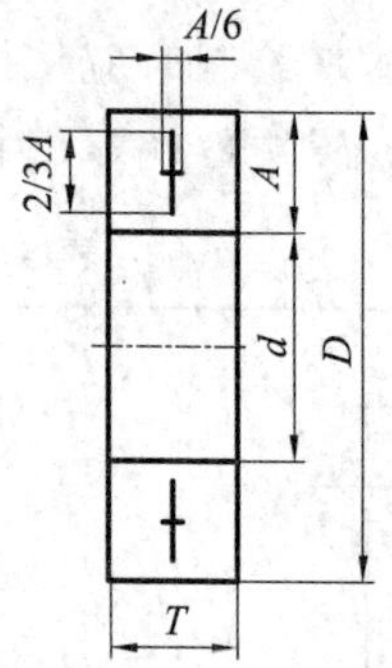	承受单方向的轴向载荷
圆锥滚子轴承 (GB/T 297—1994) 30000 型	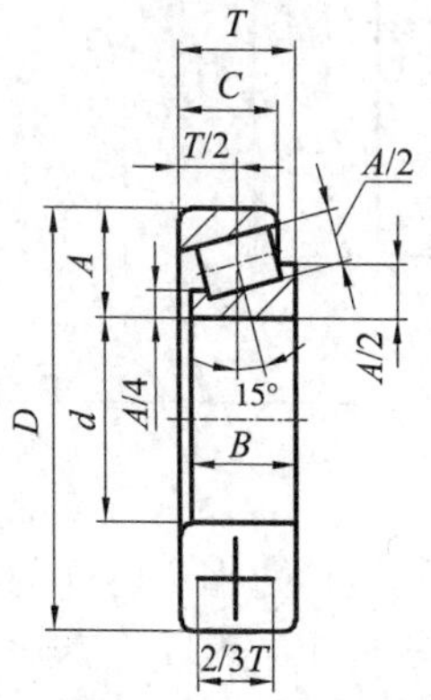	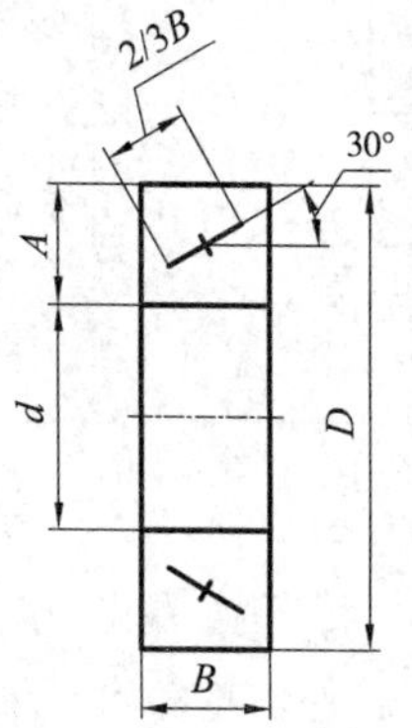	可同时承受径向和轴向载荷

三、滚动轴承的代号与标记

1. 滚动轴承的代号

为了便于选用,国家标准规定了滚动轴承的类型、规格、性能代号。

滚动轴承代号由前置代号、基本代号和后置代号构成。即:

108

前置代号＋基本代号＋后置代号

前置代号和后置代号是在轴承的结构形状、尺寸和技术要求等有改变时所增加的补充代号。

滚动轴承的基本代号由轴承类型代号、尺寸系列代号、内径代号三部分组成。

轴承类型代号＋尺寸系列代号＋内径代号

基本代号的最左边为类型代号(见表 5-16)；接着是尺寸系列代号，由宽度和直径系列代号组成，可按 GB/T 272—1993 查取，参见附录滚动轴承；最后为内径代号，当内径大于或等于 20mm，内径代号为轴承内径除以 5 的商，当商为个位数时，需在左边添 0 补为两位数；当内径小于 20mm 时，另有相应的规定。

表 5-16　轴承类型代号

代号	轴承类型	代号	轴承类型
0	双列角接触球轴承	6	深沟球轴承
1	调心球轴承	7	角接触球轴承
2	调心滚子轴承和推力调心滚子轴承	8	推力圆柱滚子轴承
3	圆锥滚子轴承	N	圆柱滚子轴承双列或多列用字母 NN 表示
4	双列深沟球轴承	U	外球面球轴承
5	推力球轴承	QJ	四点接触球轴承

下面举例说明代号为 6204 滚动轴承的各位数字的含义

其中：6—类型代号，表示深沟球轴承

2—尺寸系列代号，应为"02"，0 代表宽度系列，省略不写，2 代表直径系列，故两者组合时标写为 2。

04—内径代号，表示直径为 4×5＝20。轴承的内径为 20mm。

2. 滚动轴承的标记

滚动轴承的标记主要由三部分组成，即轴承名称、轴承代号、标准编号。

标记示例：

滚动轴承　6210　GB/T 276—1994

第六章　零件图

§6-1　零件图的内容

任何机器或部件都是由零件装配而成。在生产中,先制造出每个零件,然后再装配成机器或部件。表示单个零件的图样称为零件图,它是制造和检验零件的主要技术依据。如图6-1所示的图样便是一张实际生产(拨叉)的零件图。从图中可看出零件图应包括以下内容。

一、一组视图

用视图、剖视图、断面图及其他规定画法,正确、完整、清晰地把零件内外结构形状表达清楚。如图6-1所示的拨叉零件图,它是采用主视图(基本视图)、俯视图(全剖视图)和重合断面图来表达的。

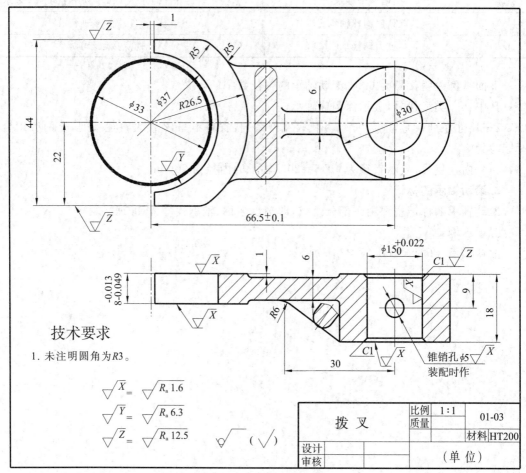

图 6-1　拨叉零件图

二、尺寸

正确、完全、清晰、合理地标注出制造和检验零件所需的全部尺寸。如图 6-1 所注尺寸有定形尺寸 R26.5，$\phi37$，$\phi33$，8，18，…和定位尺寸 66.5±0.1，30，9，…等。

三、技术要求

标注说明零件在制造和检验时应达到的技术指标。该部分用国家标准规定的符号注写。如图 6-1 中表面粗糙度符号，极限偏差 $\phi15^{+0.022}$ 及用文字注写的技术要求等。

四、标题栏

填写零件的名称、材料、比例、图样的编号、设计者和审核者的姓名以及日期等。

§6-2 零件的常见工艺结构

零件结构的工艺性是指所设计零件的结构在生产过程中能否满足加工或装配的要求，使生产出来的零件质量好、产量高、成本低，以得到较好的经济效益。机器上的大部分零件是通过铸造和机械加工成形，因此，这里仅介绍常见的工艺结构。

一、铸造工艺对零件结构的要求

1. 铸造圆角

如图 6-2 所示，在铸件表面间相交处应做成圆角，否则型砂在尖角处容易掉砂，同时金属冷却收缩时，在尖角处容易产生裂纹和缩孔。

2. 起模斜度

为了铸造起模方便，在铸件的内外壁沿起模方向应有斜度，称为起模斜度。如图 6-2 所示。

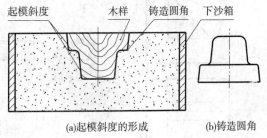

图 6-2　铸造的起模斜度和铸造圆角

(a)起模斜度的形成　　(b)铸造圆角

3. 最小壁厚

为了保证液态金属的流动性，铸件的壁厚不应小于 3mm～8mm（黑色金属 6mm～8mm，有色金属 3mm～5mm）。

4. 壁厚均匀

铸件的壁厚若不均匀，液态金属的冷却速度就不一样。薄的地方先冷却，先凝固，厚的地方冷却较慢，收缩时没有足够的液态金属来补充，容易形成缩孔或产生裂纹。所以在设计铸件时，壁厚应尽量均匀，或逐渐过渡，如图 6-3 所示。

(a)壁厚均匀　　　(b)壁厚不均匀的缺陷　　　(c)壁厚逐渐过渡

图 6-3　铸件壁厚

5.过渡线

由于铸件表面相交处有铸造圆角,使其表面的交线不十分明显,为了看图方便,在投影中交线仍然画出,这种线称为过渡线。

过渡线应不与圆角轮廓接触,如图6-4所示。平面与平面、平面与曲面相交处的过渡线,应在转角处断开,如图6-5所示。不同形状断面的板与圆柱组合,视其相切、相交的关系不同,其过渡线的画法也不同,如图6-6所示。过渡线应画到理论交点处,并用细实线绘出。

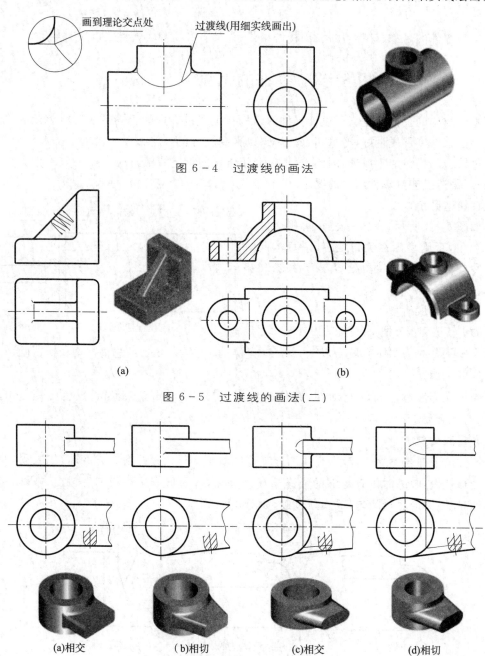

图6-4 过渡线的画法

图6-5 过渡线的画法(二)

(a)相交　　（b)相切　　(c)相交　　(d)相切

图6-6 过渡线的画法(三)

二、加工工艺对零件结构的要求

1. 倒角

为了便于装配和保证操作安全，一般在轴和孔的端部加工出倒角，即将孔和轴端部加工一个小圆锥面，如图 6-7 所示。倒角和倒圆的尺寸，可查阅附录三。

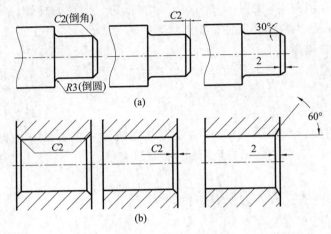

图 6-7　倒角和倒圆

2. 退刀槽和砂轮越程槽

为了在加工工件时便于刀具进入或退出，装配时零件能可靠定位，常在加工表面的台肩处加工出退刀槽和砂轮越程槽，如图 6-8 所示。螺纹退刀槽和砂轮越程槽的结构尺寸，可查阅附录三。

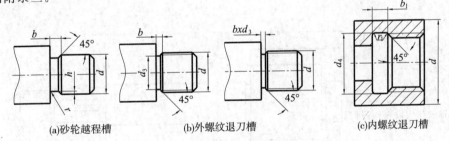

(a)砂轮越程槽　　　　(b)外螺纹退刀槽　　　　(c)内螺纹退刀槽

图 6-8　退刀槽和砂轮越程槽

3. 凸台和凹坑

零件之间的接触面一般都需要加工。为了减少加工面积和接触面，一般将零件的表面制成凸台或凹坑等结构，如图 6-9 所示。

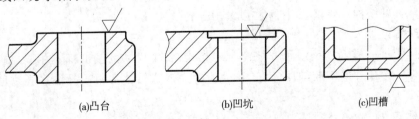

(a)凸台　　　　　　(b)凹坑　　　　　　(c)凹槽

图 6-9　凸台和凹坑

§6-3 零件图的尺寸标注

零件图上的尺寸是制造和检验的重要依据。在第六章中已介绍了尺寸标注的一些基础知识,本节着重介绍在零件图中合理标注尺寸的问题。所谓合理性,是指所标注的零件尺寸既要保证达到设计要求,还要便于加工和测量。

一、尺寸基准的选择

标注尺寸时,应当在了解零件的作用及加工制造方法的基础上,选择恰当的尺寸基准。尺寸基准分为两类:

1. 设计基准

根据零件的结构特点和设计要求,确定零件在机器中位置的一些面、线和点。如图6-10所示的齿轮轴,齿轮左端面是齿轮轴轴向设计基准。

2. 工艺基准

在加工和测量时确定零件结构位置的一些面、线和点。如图6-10所示的齿轮轴的左右两个端面为工艺基准

在标注尺寸时,应尽量使设计基准和工艺基准重合,这样既能满足设计要求,又能满足工艺要求。当二者不能统一时,应选择设计基准为主要基准。

任何零件都有长、宽、高三个方向的尺寸,每个方向均应有一个基准作为标注尺寸的起点,我们把它称为主要基准(一般为设计基准),其他为辅助基准,如图6-10所示。辅助基准必须与主要基准有尺寸联系,且只能有一个联系尺寸。如图6-10中的尺寸11。

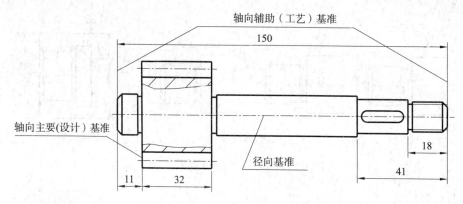

图6-10 齿轮轴基准的选择

二、尺寸标注的几种形式

根据零件的结构及要求,零件标注可分为三种形式:

1. 链状式

零件图上同一方向的一组尺寸彼此首尾相接,各个尺寸的基准都不相同,前一个尺寸的终止是后一个尺寸的基准,如图6-11(a)所示。链状尺寸常用于标注多孔之间的距离,如图6-12所示。

2. 坐标式

零件上同一方向的尺寸都从一个选定的基准注起,尺寸误差互不影响,如图6-11(b)

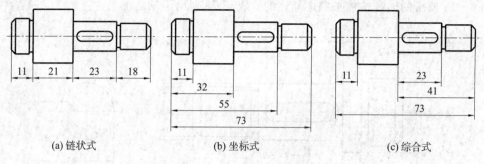

(a) 链状式   (b) 坐标式   (c) 综合式

图 6-11　尺寸标注的几种形式

所示。

3. 综合式

综合式是零件上同一方向的尺寸标注形式既有链状式又有坐标式,是前两种的综合。标注时将精度要求高的尺寸直接注出来,而次要尺寸不注,使误差累积在次要尺寸上。综合式在实际应用中最多。如图 6-11(c)所示。

图 6-12　链状尺寸

三、合理标注尺寸的一些原则

1. 主要尺寸应直接注出

主要尺寸是指影响产品工作性能、工作精度等的尺寸。这些尺寸包括零件的规格性能尺寸、配合表面的尺寸、重要的定位尺寸、重要的结构尺寸、安装尺寸等。

如图 6-13 所示为一支架,为了保证其零件的精度,其高度方向主要尺寸应从底平面(设计基准 B 面)直接注出。

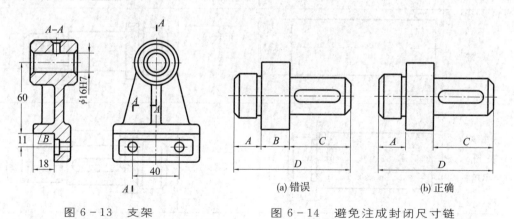

图 6-13　支架

图 6-14　避免注成封闭尺寸链

2. 不要注成封闭尺寸链

尺寸链是指同一方向的尺寸首尾相接而形成的尺寸组。标注尺寸时,应将要求不高的一个尺寸空出不注,使加工误差累计在这个尺寸上,以保证零件的设计要求。如图 6-14 所示。

3. 零件加工

零件在加工时,都有一定的顺序,为了便于看图和测量,标注尺寸时要符合加工过程。

如图 6-15 所示的轴是按加工顺序标注的。表 6-1 列出了轴的加工过程。

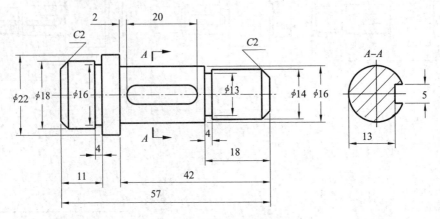

图 6-15 按加工顺序标注

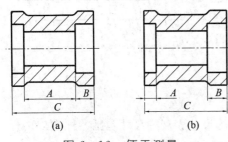

图 6-16 便于测量

4. 便于测量

标注尺寸时,在满足设计要求的前提下,尽量使用普通的测量工具就能测量,以避免或减少专用工具的设计和制造。如图 6-16(a)所示,长度尺寸 A 的测量较困难,图 6-16(b)所示的注法,测量时就较方便了。

表 6-1 轴的加工过程

加工顺序说明	加工工序简图	加工顺序说明	加工工序简图
1.备料	$\phi22$ 57	4.车长 18; 车 $\phi14$; 车槽	$\phi14$ 18
2.车 $\phi18$ 长 11; 车槽	4 $\phi17$ $\phi18$ 11	5.洗槽 20, 深 3	2 20 $\phi14$
3.调头, 车 $\phi16$ 长 42	$\phi16$ 42	6.磨外圆 $\phi14$, $\phi18$	2 20 $\phi18$ $\phi14$ 18

四、零件上常见孔的尺寸注法

零件上常见孔的尺寸注法见表 6-2。

表 6-2　零件上常见孔的尺寸注法

类型	旁 注 法		普 通 注 法
光 孔	4×φ4▽10	4×φ4▽10	4×φ4 10
	4×φ4H7▽10 孔▽12	4×φ4H7▽10 孔▽12	4×φ4H7 10　12
螺 孔	3×M6-7H	3×M6-7H	3×M6-7H
	3×M6-7H▽10	3×M6-7H▽10	3×M6-7H 10
	3×M6-7H▽10 孔▽12	3×M6-7H▽10 孔▽12	3×M6-7H 10　12
沉 孔	6×φ7 ∨φ13×90°	6×φ7 ∨φ13×90°	90° φ13 6×φ7
	4×φ6.4 ⊔φ12▽4.5	4×φ6.4 ⊔φ12▽4.5	4.5　φ12 4×φ6.4
	4×φ9 ⊔φ20	4×φ9 ⊔φ20	φ20 4×φ9
说明	符号▽表示深度;符号∨表示埋头孔;符号⊔表示沉孔和锪孔		

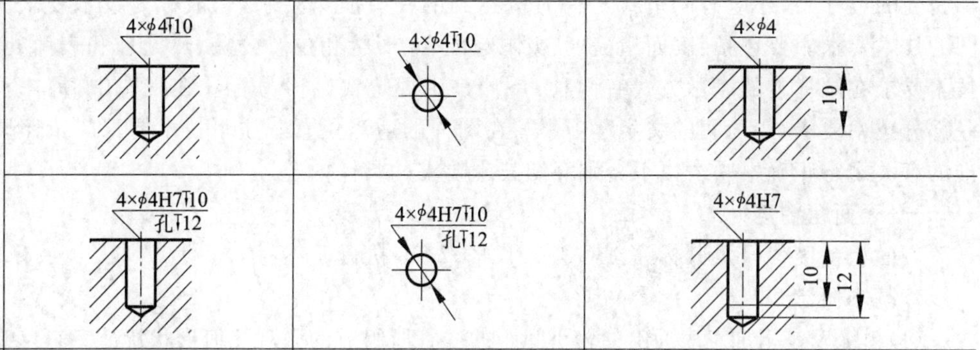

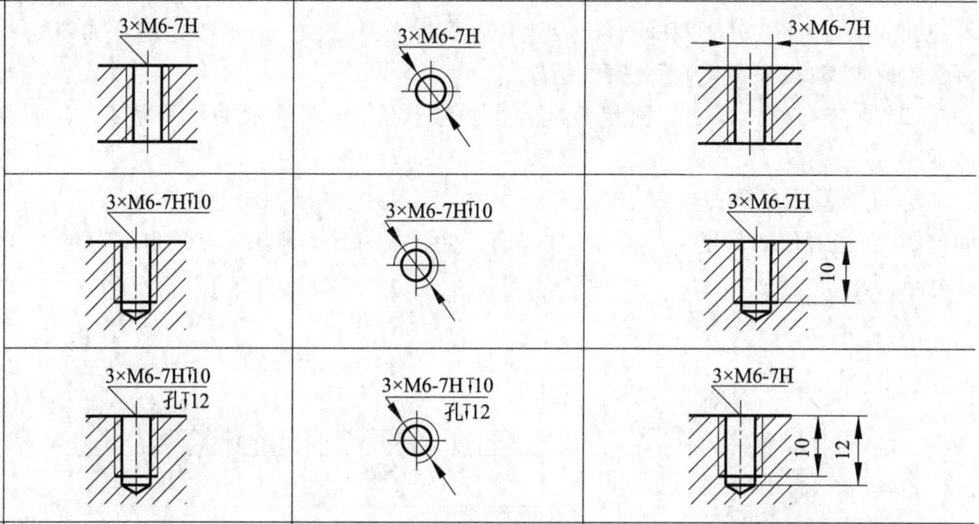

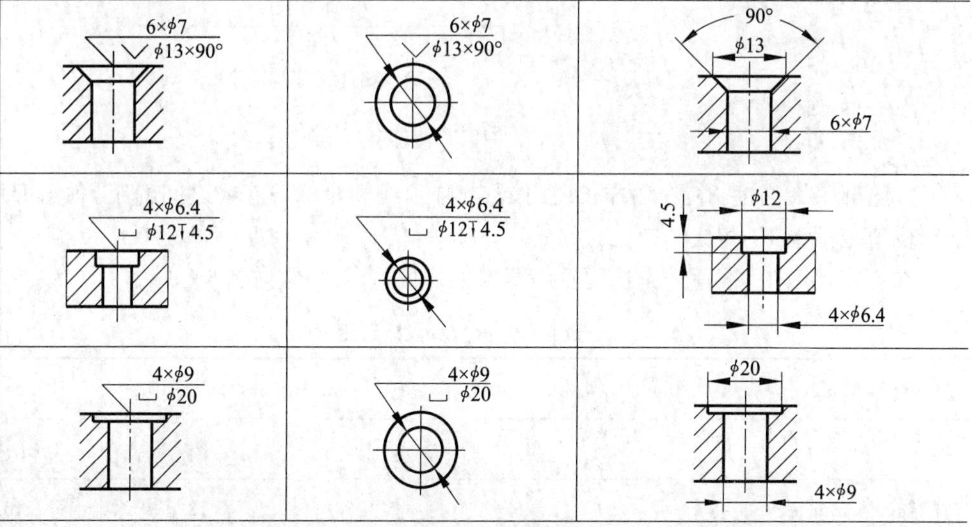

117

§6－4 零件图上的技术要求

零件图是指导生产机器零件的重要文件。因此,除了表达零件的结构形状的一组图形和完全的尺寸外,还应有制造该零件时应达到的一些质量要求,一般称为技术要求。零件图的技术要求主要包括:表面粗糙度、极限与配合、形状和位置公差、热处理和表面处理等。技术要求在图样上的表示方式有两种:一种是用规定代(符)号标注在视图中,另一种是将一部分技术要求,用简明的文字逐项书写在图样的适当位置。注写技术要求应依照国家标准的有关规定正确书写。以下分别介绍技术要求的具体内容。

一、表面粗糙度

表面粗糙度代号及其标注按 GB/T 131—2006 执行。

1. 基本概念

(1)粗糙度是指加工表面上的较小间距的峰谷所组成的微观几何形状特征。它反映了零件表面的加工质量。间距和峰、谷越小,其表面越光滑,反之,表面越粗糙。如图 6－17(a)所示为放大镜(或显微镜)下观察的结果。

(2)评定参数。评定表面粗糙度的主要参数有:轮廓算术平均偏差 R_a、轮廓最大高度 R_z。

① 轮廓算术平均偏差 R_a:在取样长度内,$Z(X)$纵坐标方向上轮廓在线点与基准线之间的距离)绝对值的算术平均值,用 R_a 表示,如图 6－17(b)所示。常用取值范围为$(0.25\sim 25)\mu m$。

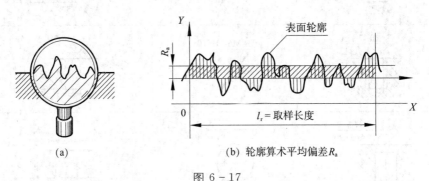

(a)　　　　　(b) 轮廓算术平均偏差R_a

图 6－17

② 轮廓最大高度 R_z:在取样长度内,轮廓峰顶线和轮廓谷底线之间的距离,用 R_z 表示,常用取值范围与 R_a 相同。

在评定参数中,推荐优先选用轮廓算术平均偏差 R_a。参见表 6－3。

表 6－3　R_a 及 l_r、l_n 选用表

$R_a/\mu m$	>0.008~0.02	>0.02~0.1	>0.1~2.0	>2.0~10.0	10.0~80
取样长度/mm	0.08	0.25	0.8	2.5	8.0
评定长度/mm	0.4	1.25	4.0	12.5	40

118

R_a 系列/μm	0.008	0.010	0.012*	0.016	0.020	0.025*	0.032	0.040	0.050*	0.063
	0.080	0.100*	0.125	0.160	0.20	0.25	0.32	0.40*	0.5	0.63
	0.80*	1.00	1.25	1.60*	2.0	2.5	3.2*	4.0	5.0	6.3*
	8.0	10.0	12.5*	16	20	25*	32	40	50*	63
	80	100*								

注:①R_a 数值中带有 * 号的为第一系列,应优先选用。

②l_n 是评定轮廓所必需的一段长度,一般为五个取样长度。

(3)轮廓算术平均偏差系列值

轮廓算术平均偏差 R_a 系列值参见表 6-3 所示,有两个系列值,设计时一般应优先选用表中的第一系列值。

2. 表面粗糙度代号

在图样上对表面质量的要求,用表面粗糙度代号表示。它是指该表面完工后的要求。

表面粗糙度的各项规定应根据表面的功能要求给出。若仅需要加工,而对表面粗糙度的各项规定没有要求时,可以只注表面粗糙度完整符号√ 。

(1)表面粗糙度图形符号的意义参见表 6-4。

表 6-4 表面粗糙度符号及意义

符号	意 义 及 说 明
√	基本符号——表示表面可用任何方法获得。当不加注粗糙度参数值或有关说明(例如:表面处理、局部热处理状态等)时,仅用于简化代号标注
∇	扩展符号——基本符号加一短横,表示表面是用去除材料的方法获得。如车、铣、钻、磨、剪切、抛光、腐蚀、电火花加工、气割等
√o	扩展符号——基本符号加一小圆,表示表面是用不去除材料的方法获得。如铸、锻、冲压变形、热轧、冷轧、粉末冶金等,或者用于保持原供应状态的表面(包括保持上道工序的状况)
√ ∇ √o	完整符号——在上述三个符号的长边均可加一横线,在横线的上、下可标注有关参数和说明
√ ∇ √o	相同要求符号——在完整符号的长边与横线相交处加一圆圈,在不会引起歧义时,用来表示某视图上构成封闭轮廓的各表面具有相同表面粗糙度要求

(2)表面粗糙度代号的画法

表面粗糙度代号的画法如图 6-18 所示。

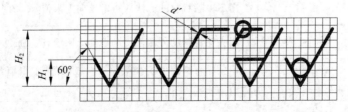

图 6-18 表面粗糙度符号的画法

图中：$d'=h/10$，$H_1=1.4h$，$H2=3h$（d' 为线宽，h 为字体的高度）

数度字和字母高度 h（见 GB/T 14690）	2.5	3.5	5	7	10	14	20
符号线宽 d'	0.25	0.35	0.5	0.7	1	1.4	2
字母线宽 d							
高度 H_1	3.5	5	7	10	14	20	28
高度 H_2（）	7.5	10.5	15	21	30	42	60

注：H_2 和图形符号长边的横线的长度取决于标注的内容

表面粗糙度的各项规定，其表示的内容见表 6-5。

表 6-5

代号	含　义
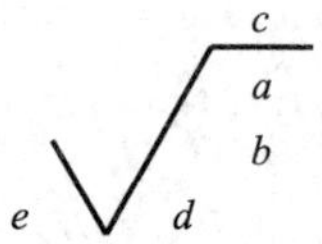 $e\overset{c}{\underset{d}{\diagup}}\!\!\!\sqrt{}\overset{a}{\underset{b}{}}$	a——注写表面粗糙度的单一要求。如图 6-19(a)所示，当传输带为标准规定的范围时，可不标注出来（默认）。当需要标注一个滤波器截止波长值而另一个采用默认的截止波长值时，可如图 6-19(b)所示，但要保留连字符号"—"，用以区分标注的是短波滤波器截止波长还是长波滤波器的截止波长。 b——注写表面粗糙度第二个单一要求，如图 6-19(c)所示。如果要注写第三个或更多的单一要求时，图形符号在垂直方向扩大，以空出足够空间。 c——注写加工方法、表面处理、涂层或其他工艺要求如铣、磨、镀铬等，如图 6-19(d)所示。 d——注写加工的纹理和方向符号，如图 6-19(e)所示。 e——注写加工余量，单位为毫米，如图 6-19(f)所示。

以上规定项目，若都需要，也可以全部标出，但一般只标出幅度参数的允许值即可。

表 6-6 中列出了表面粗糙度幅度参数轮廓算术平均偏差 R_a 值的标注和轮廓最大高度 R_z 值的标注，单位为 μm。

表 6-6　表面粗糙度幅度参数的标注示例

代号 （旧国标）	代号 （GB/T 131—2006）	意　义
$\overset{3.2}{\diagdown\!\!\!\diagup}$	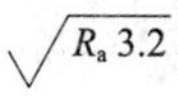 $\sqrt{R_a\,3.2}$	用任何方法获得的单向上限值，R_a 的上限值为 3.2μm
 $\overset{3.2}{\bigtriangledown}$	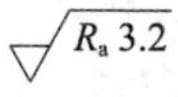 $\bigtriangledown\!\!\!\sqrt{R_a\,3.2}$	用去除材料的方法获得的单向上限值，R_a 的上限值为 3.2μm
 $\overset{6.3}{\diagdown\!\!\!\diagup}$	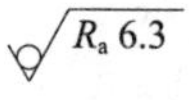 $\sqrt{R_a\,6.3}$	用不去除材料的方法获得的单向上限值，R_a 的上限值为 6.3μm
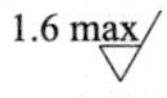 $\overset{1.6\,\text{max}}{\bigtriangledown}$	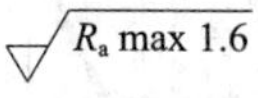 $\bigtriangledown\!\!\!\sqrt{R_a\,\text{max}\,1.6}$	用去除材料的方法获得的单向上限值，R_a 的最大值为 1.6μm
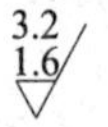 $\overset{3.2}{\underset{1.6}{\bigtriangledown}}$	 $\bigtriangledown\!\!\!\sqrt{\overset{U\,R_a\,3.2}{L\,R_a\,1.6}}$	用去除材料的方法获得的双向极限值，上限值：R_a 为 3.2μm，下限值为 1.6μm
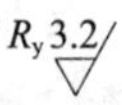 $\overset{R_y\,3.2}{\bigtriangledown}$	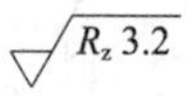 $\bigtriangledown\!\!\!\sqrt{R_z\,3.2}$	用去除材料的方法获得单向上限值，R_z 的上限值为 3.2μm

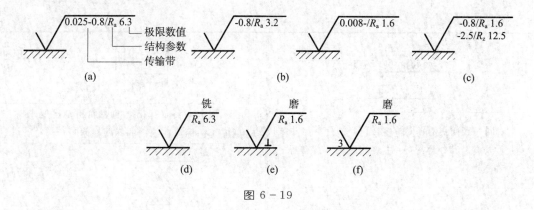

图 6-19

3. 在图样上的标注方法

表面粗糙度代号应注在可见轮廓线、尺寸线、尺寸界线或其延长线上,符号的尖端必须从材料外指向表面。在同一图样上,每一表面一般只标注一次代(符)号,并尽可能靠近有关的尺寸线。当地方狭小或不便标注时,代(符)号可以引出标注。具体标注方法见表 6-7。

表 6-7 表面粗糙度在图样上标注示例

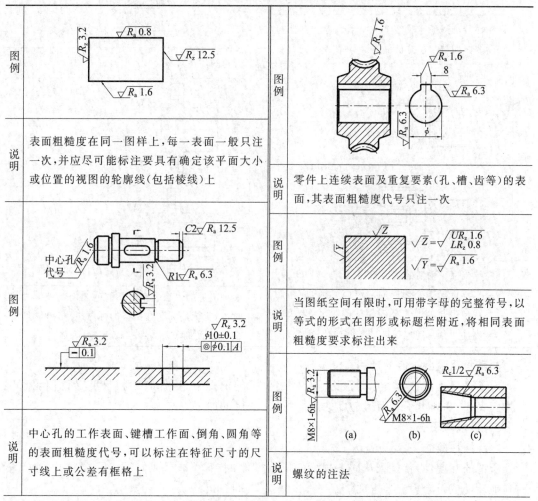

121

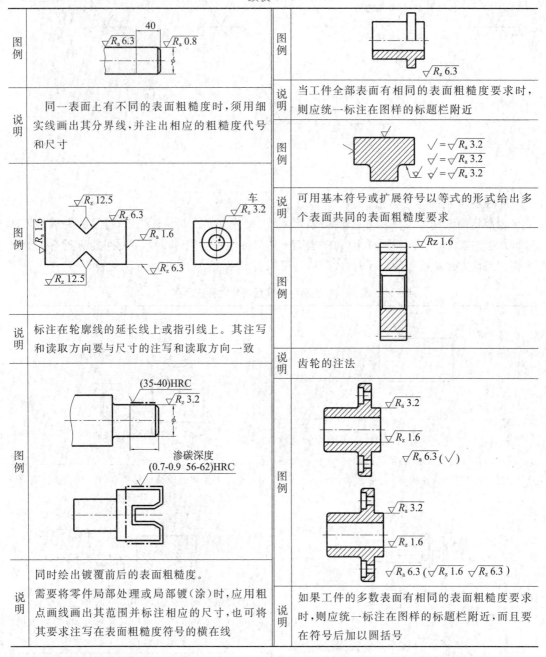

图例	$\sqrt{R_a\,6.3}$ 40 $\sqrt{R_a\,0.8}$
说明	同一表面上有不同的表面粗糙度时,须用细实线画出其分界线,并注出相应的粗糙度代号和尺寸
图例	$\sqrt{R_z\,12.5}$ $\sqrt{R_z\,6.3}$ 车$\sqrt{R_z\,3.2}$ $\sqrt{R_a\,1.6}$ $\sqrt{R_a\,1.6}$ $\sqrt{R_z\,6.3}$ $\sqrt{R_z\,12.5}$
说明	标注在轮廓线的延长线上或指引线上。其注写和读取方向要与尺寸的注写和读取方向一致
图例	(35-40)HRC $\sqrt{R_z\,3.2}$ 渗碳深度(0.7-0.9 56-62)HRC
说明	同时绘出镀覆前后的表面粗糙度。需要将零件局部处理或局部镀(涂)时,应用粗点画线画出其范围并标注相应的尺寸,也可将其要求注写在表面粗糙度符号的横在线

图例	$\sqrt{R_z\,6.3}$
说明	当工件全部表面有相同的表面粗糙度要求时,则应统一标注在图样的标题栏附近
图例	$\checkmark = \sqrt{R_a\,3.2}$ $\checkmark = \sqrt{R_a\,3.2}$ $\checkmark = \sqrt{R_a\,3.2}$
说明	可用基本符号或扩展符号以等式的形式给出多个表面共同的表面粗糙度要求
图例	$\sqrt{Rz\,1.6}$
说明	齿轮的注法
图例	$\sqrt{R_a\,3.2}$ $\sqrt{R_z\,1.6}$ $\sqrt{R_a\,6.3}\,(\checkmark)$ $\sqrt{R_a\,3.2}$ $\sqrt{R_z\,1.6}$ $\sqrt{R_a\,6.3}\,(\sqrt{R_z\,1.6}\ \sqrt{R_z\,6.3})$
说明	如果工件的多数表面有相同的表面粗糙度要求时,则应统一标注在图样的标题栏附近,而且要在符号后加以圆括号

4. 表面粗糙度数值的选用

为了降低加工成本,在满足设计或使用要求的前提下,零件表面粗糙度允许值尽可能大些。表 6 – 8 列出了表面粗糙度的表面特征、获得的加工方法。

二、极限与配合

1. 互换性概念

所谓的互换性,就是指从同一规格的机器零件中,不经选择或修配,任取其中一个就能顺利地装配成符合规定要求的产品。

表 6-8　表面粗糙度的表面特征、获得加工方法

$R_a/\mu\mathrm{m}$	表面微观特征	加工方法	应用举例
50	明显见刀痕	粗车、粗刨、粗铣、钻孔、粗纹锉刀、粗砂轮等	不重要的接触面或非配合面,如轴端面、倒角、钻孔、凸顶面、穿入螺纹紧固件的光孔表面
25	可见刀痕		
12.5	微见刀痕		
6.3	可见加工痕迹	拉制、精车、精铣、粗铰、粗磨、刮研、粗拉刀加工	较重要的接触面,转动和滑动速度不高的配合面和接触面。如轴套、齿轮端面、键及键槽工作面
3.2	微见加工痕迹		
1.6	看不见加工痕迹		
0.8	可辨加工痕迹方向	研磨、精铰、抛光等	要求较高的接触面,转动和滑动速度较高的配合面和接触面。如齿轮的工作面、导轨表面、主轴轴颈表面、销孔表面等
0.4	微辨加工痕迹方向		
0.2	不可辨加工痕迹方向		
≤0.1	光泽面、镜面	研磨、超精密加工	

　　由于机床振动,刀具磨损,测量误差等一系列原因,零件的尺寸实际上不可能制造的绝对准确,在保证互换性的条件下,允许零件尺寸有一定的误差。因此,图样上常注有极限与配合方面的技术要求。

2. 极限的有关术语

(1)公称尺寸

　　根据零件的使用要求以及该零件的强度、结构和工艺性要求,设计时确定的尺寸称为公称尺寸,如图 6-21 中的 φ20。

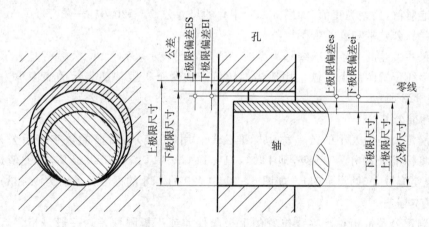

图 6-20　极限与配合示意图

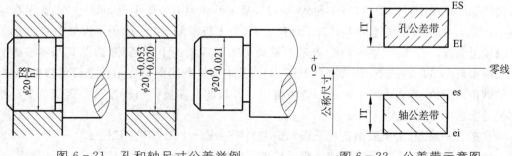

图 6-21　孔和轴尺寸公差举例　　　　图 6-22　公差带示意图

123

（2）实际尺寸

零件加工后的尺寸。可用通过测量零件所得到的尺寸表示为实际尺寸（由于存在测量误差，此尺寸并非实际尺寸的真值）。

（3）极限尺寸

允许尺寸变化的两个界限值称为极限尺寸。实际尺寸位于其中，也可达到极限尺寸。两个极限值中，大的一个称为上极限尺寸，如图 6-21 中孔的上极限尺寸为 $\phi 20^{+0.053} = \phi 20.053$。小的一个称为下极限尺寸，如图 6-21 中孔的下极限尺寸为 $\phi 20_{+0020} = \phi 20.020$。

（4）尺寸偏差

某一尺寸减其公称尺寸所得的代数差称为尺寸偏差，简称为偏差。

上极限偏差：上极限尺寸减其公称尺寸所得的代数差，图 6-21 中，孔的上极限偏差 $= 20.053 - 20 = 0.053$。

下极限偏差：下极限尺寸减其公称尺寸所得的代数差，图 6-21 中孔的下极限偏差 $= 20.020 - 20 = 0.020$。

上极限偏差与下极限偏差统称为极限偏差。偏差可为正值、负值或零。

国家标准规定，孔的上极限偏差代号用 ES 表示，下极限偏差用 EI 表示；轴的上极限偏差用 es 表示，下极限偏差用 ei 表示。

（5）尺寸公差

允许尺寸的变动量称为尺寸公差，简称为公差。

尺寸公差等于上极限尺寸与下极限尺寸之差的绝对值，也等于上极限偏差与下极限偏差之差的绝对值，公差为正值，如图 6-21 中孔的尺寸公差 $= \phi 20.053 - \phi 20.020 = 0.033$。

（6）零线、公差带和公差带图

确定尺寸偏差的一条基准线称为零线。通常零线表示公称尺寸，公差带是表示公差大小和相对零线位置的一个区域。用适当的比例画成两个极限偏差表示的简图称为公差带图，如图 6-22 所示。

（7）标准公差

用以确定公差带大小的公差称为标准公差。用 IT 表示，后面的数字表示公差等级。国家标准将标准公差分为 20 级，即 IT01，IT0，IT1，…，IT18。01 级最高，公差值最小；18级最低，公差值最大（见附录四）。如图 6-21 中 $\phi 20$ 的 IT8 的标准公差值为 0.033。

（8）基本偏差

用以确定公差带相对于零线位置的上极限偏差或下极限偏差。一般是指靠近零线的那个极限偏差。如图 6-23 所示，孔和轴各有 28 个。代号用拉丁字母表示，大写代表孔，小写代表轴。从图中可以看出，对于孔从 A～H，基本偏差为下极限偏差，从 J～ZC 为上极限偏差。孔 H 的下极限偏差为零。对于轴从 a～h 为上极限偏差，j～zc 为下极限偏差，h 的上极限偏差为零。孔 JS 和轴 js 的公差带对称地分布在零线的上下两端，因此其基本偏差为上极限偏差（$+IT/2$）或下极限偏差（$-IT/2$）。基本偏差系列图是表示公差带的位置，封口端的数值是定值，其大小可由附录四查表得出。开口的一端数值由标准公差等级确定。根据尺寸公差的计算公式：

孔的另一偏差（上极限偏差或下极限偏差）：ES＝EI＋IT 或 EI＝ES－IT

轴的另一偏差（上极限偏差或下极限偏差）：es＝ei＋IT 或 ei＝es－IT

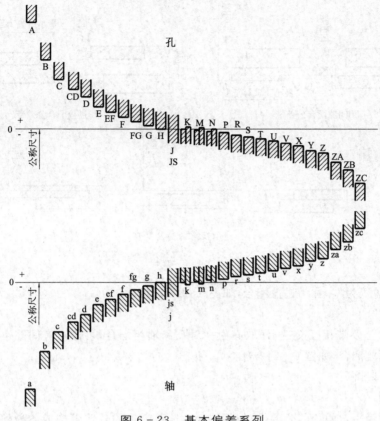

图 6 - 23 基本偏差系列

(9)孔和轴的公差带代号

孔和轴的公差带代号由基本偏差代号与公差等级代号组成。例如：

孔的基本偏差代号 ┐ ┌ 公差等级代号

$$\phi 30\ \mathrm{H7}$$

公称尺寸 ┘ └ 孔的公差带代号

轴的基本偏差代号 ┐ ┌ 公差等级代号

$$\phi 30\ \mathrm{f7}$$

公称尺寸 ┘ └ 轴的公差带代号

3. 配合的有关术语

公称尺寸相同互相结合的孔和轴公差带之间的关系称为配合。它反映了孔和轴之间的松紧程度。

(1)配合种类

根据孔、轴公差带的关系,国家标准将配合分为三大类,如图 6 - 24 所示。

①间隙配合

孔的公差带完全在轴的公差带之上,任取其中一对孔和轴相配合,都具有间隙的配合(包括最小间隙等为零)称为间隙配合,如图 6 - 24(a)所示。

②过盈配合

孔的公差带完全在轴的公差带之下,任取其中一对孔和轴相配合都具有过盈的配合

125

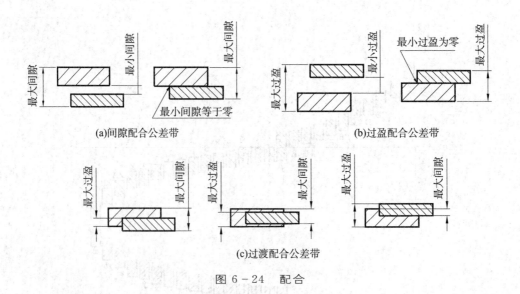

(a)间隙配合公差带

(b)过盈配合公差带

(c)过渡配合公差带

图 6-24　配合

（包括最小过盈等为零）称为过盈配合，如图 6-24(b)所示。

③过渡配合

孔与轴的公差带相互交迭，任取其中一对孔和轴相配合，可能具有间隙也可能具有过盈的配合称过渡配合，如图 6-24(c)所示。

（2）配合基准制

①基孔制

基本偏差为一定的孔的公差带，与不同基本偏差的轴的公差带构成各种配合的一种制度称为基孔制，如图 6-25(a)所示。

基孔制配合的孔称为基准孔，其代号为 H，它基本偏差为下极限偏差，数值为零。

②基轴制

基本偏差为一定的轴的公差带，与不同基本偏差的孔的公差带构成各种配合的一种制度称基轴制，基轴制配合的轴称为基准轴，其代号为 h，它的基本偏差为上极限偏差，数值为零。如图 6-25(b)所示。

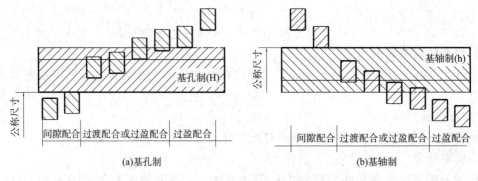

(a)基孔制

(b)基轴制

图 6-25　基孔制和基轴制

（3）公差与配合的选用

①优先选用基孔制。这样可以限制加工孔所需用的定值刀具、量具的规格数量。基轴

126

制通常仅用于具有明显经济效果的场合和结构设计要求不适合采用基孔制的场合。

②选用优先公差带和优先配合。国家标准根据机械工业新产品生产使用的需要，考虑到定值刀具、量具规格的统一，制定了优先常用配合，如表6-9、表6-10所示。

表6-9　基孔制优先、常用配合(GB/T 1801—2009)

基准孔	a	b	c	d	e	f	g	h	js	k	m	n	p	r	s	t	u	v	x	y	z	备注
	间隙配合								过渡配合				过盈配合									标▼者为优先配合 共13种
H6						H6/f5	H6/g5	H6/h5	H6/js5	H6/k5	H6/m5	H6/n5	H6/p5	H6/r5	H6/s5	H6/t5						
H7						H7/f6	H7/g6	H7/h6	H7/js6	H7/k6	H7/m6	H7/n6	H7/p6	H7/r6	H7/s6	H7/t6	H7/u6	H7/v6	H7/x6	H7/y6	H7/z6	
H8					H8/e7	H8/f7	H8/g7	H8/h7	H8/js7	H8/k7	H8/m7	H8/n7	H8/p7	H8/r7	H8/s7	H8/t7	H8/u7					
H8				H8/d8	H8/e8	H8/f8		H8/h8														
H9			H9/c9	H9/d9	H9/e9	H9/f9		H9/h9														
H10			H10/c10	H10/d10				H10/h10														
H11	H11/a11	H11/b11	H11/c11	H11/d11				H11/h11														
H12	H12/a12							H12/h12														

表6-10　基轴制优先、常用配合(GB/T 1801—2009)

基准轴	A	B	C	D	E	F	G	H	JS	K	M	N	P	R	S	T	U	V	X	Y	Z	备注
	间隙配合								过渡配合				过盈配合									常用配合共47种 标▼者为优先配合 共13种
h5						F6/h5	G6/h5	H6/h5	JS6/h5	K6/h5	M6/h5	N6/h5	P6/h5	R6/h5	S6/h5	T6/h5						
h6						F7/h6	G7/h6	H7/h6	JS7/h6	K7/h6	M7/h6	N7/h6	P7/h6	R7/h6	S7/h6	T7/h6	U7/h6					
h7					E8/h7	F8/h7		H8/h7	JS8/h7	K8/h7	M8/h7	N8/h7										
h8				D8/h8	E8/h8	F8/h8		H8/h8														
h9				D9/h9	E9/h9	F9/h9		H9/h9														
h10				D10/h10				H10/h10														
h11	A11/h11	B11/h11	C11/h11	D11/h11				H11/h11														
h12		B12/h12						H12/h12														

③选用孔比轴低一级的公差等级。在保证零件使用要求的条件下，应尽量选择比较低的公差等级，以降低零件的加工成本。

(4)极限与配合在图样中的标注方法

①在零件图中的标注方法

在零件图上的公差标注有三种:如图 6-26 所示。

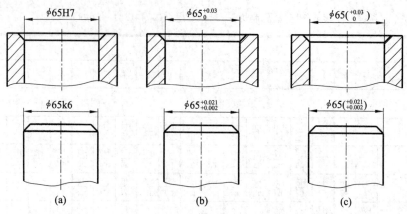

图 6-26　在零件图上的标注

(a)标注公差带代号(用于大批量生产中)。

(b)标注极限偏差数值(用于少量或单件生产)。

(c)同时标注代号和极限偏差数值。

②在装配图中的标注方法

$$公称尺寸\frac{孔的公差带代号}{轴的公差带代号}$$

配合的代号由两个相互结合的孔和轴的公差带代号组成,在公称尺寸的右边,用分数的形式注出,分子是孔的公差带代号,分母是轴的公差带代号。必要时也允许按图 6-27 中形式注出。

例 6-1　识别、分析图 6-28(a)所标注的箱体与轴套、轴套与轴的配合,查出其偏差数值并标注在零件图上。

解:1. $\phi30\dfrac{H7}{n6}$ 表示公称尺寸 $\phi30$、基孔制、过渡配合。箱体孔的公差带代号 H7,基本偏差代号 H,公差等级 IT7。查孔的极限偏差可得:上极限偏差 +0.021、下极限偏差 0。轴套的公差带代号 n6,基本偏差代号 n,公差等级 IT6。查轴的极限偏差可得:上极限偏差 +0.028、下极限偏差 +0.015。标注如图 6-28(b)所示。

三、几何公差

零件在加工过程中,由于工艺上的各种原因,除了产生尺寸误差外,还会出现表面形状和表面相对位置误差。例如,图 6-29(a)所示为一轴与基准孔配合,轴加工后,由于产生了形状误差,导致两零件无法正常装配。

1.形状公差

被测零件的单一实际要素的形状对其理想要素形状的变动量,称为形状误差。单一实际要素形状所允许的变动全量称为形状公差,如图 6-29(a)所示。

2.位置公差

被测量零件的相关要素间的实际位置相对其理想位置的变动量称为位置误差。相关要素间的实际位置相对其理想位置的变动全量称为位置公差,如图 6-29(b)所示。

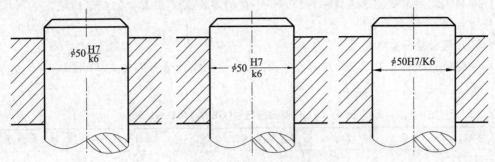

(a) 在装配图中标注配合代号的形式

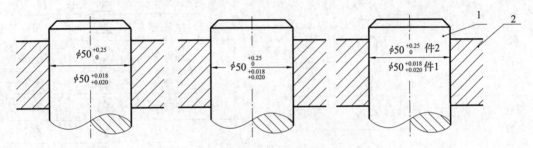

(b) 在装配图中标注极限偏差数值的形式

图 6－27　在装配图中标注的形式

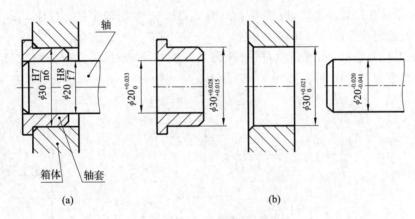

图 6－28　查表应用举例

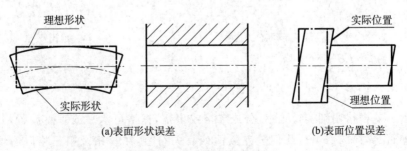

图 6－29　形状公差

限制实际要素变动的区域称为公差带。被测零件实际要素在公差带所规定的区域内，零件为合格，否则为不合格。

3. 几何公差分类和符号

几何公差包括形状公差、方向公差、位置公差和跳动公差四类，其项目和符号见表 6 - 11 所示。

表 6 - 11　几何公差符号(GB/T 1182—2008)

公差		项目	符号	有无基准	公差		项目	符号	有无基准
形状	形状	直线度	—	无	位置	定向	平行度	//	有
		平面度	▱	无			垂直度	⊥	有
		圆　度	○	无			倾斜度	∠	有
		圆柱度	⌭	无		定位	同轴度	◎	有或无
形状或位置	轮廓	线轮廓度	⌒	有或无			对称度	=	有
		面轮廓度	⌓	有或无			位置度	⊕	有
					跳动		圆跳动	↗	有
							全跳动	↗↗	有

4. 几何公差的标注

在图样中标注形位公差时，应按国标(GB/T 1182—2008)规定进行标注。

(1)几何公差符号的绘制和标注方法

几何公差代号包括：几何公差符号、几何公差框格及指引线、几何公差数值和有关符号；位置公差应有基准代号等，如图 6 - 30 所示。

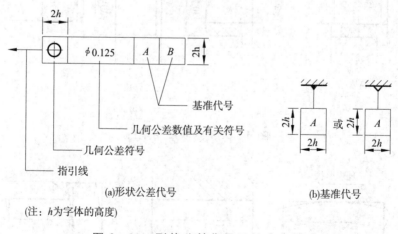

(注：*h*为字体的高度)

图 6 - 30　形状公差代号及基准代号

①几何公差框格用细实线画出，分成二格或多格，框格可水平或垂直放置，其第一格填写几何公差符号，第二格填写几何公差数值或有关符号，第三格及第三格以后填写基准符号。框格中数字和字母的高度一般应与图样中字体的高度相同，框格的长度可根据需要

130

加长。

②框格的一端与指引线相连，指引线的箭头指向被测要素表面，并垂直于被测要素表面的可见轮廓或其延长线上，箭头的方向就是公差带的宽度方向。

③基准代号由实心或空心三角形、正方形框格和基准符号（用大写字母）组成，三角符号须靠近基准要素的可见轮廓或其延长线上，画法如图6-30(b)所示。

④当被测部位是轴线、中心平面或由带尺寸要素确定的点时，则带箭头的指引线应与尺寸线的延长线重合，如图6-31所示。

几何公差应采用国家标准规定的代号标注，当无法用代号标注时，允许在技术要求中用文字说明。

（2）几何公差标注示例

图6-32是气门阀门，几何公差标注及标注说明见图。

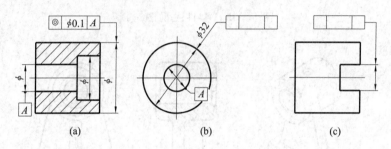

图6-31 几何公差标注方法

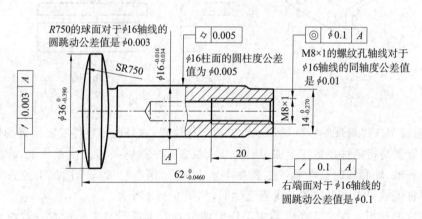

图6-32 几何公差标注

§6-5 零件图的视图选择和分类

一、零件图的视图选择

零件视图选择就是选用一组适合的视图表达出零件的内外结构形状及其各部分的相对位置关系。由于零件的结构形状是多种多样的，所以在画图前应对零件进行结构形状分析，并针对不同零件的特点选择主视图及其他视图，以确定出最佳的表达方案。

1. 主视图的选择

(1) 视图应反映零件的形状特征,这是选择主视图投影方向的依据。从形体分析方法来说,应该选择能反映零件主要特征的方向作为主视图的投射方向。例如图 6-33 所示的轴和图 6-34 所示的支架按 A 的方向投影所得到的视图,与按 B 方向投射所得到的视图相比较,A 向投影反映形状特征为佳,因此应以 A 向作为主视图的投射方向。

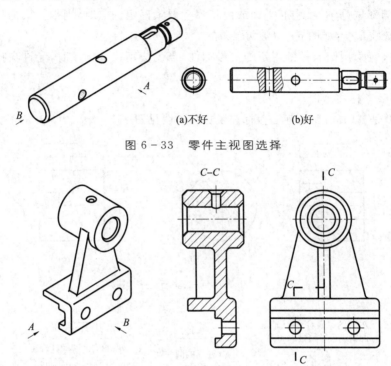

(a)不好   (b)好

图 6-33 零件主视图选择

(a)好   (b)不好

图 6-34 支架的主视图选择

(2)主视图应尽量反映零件的加工位置或工作位置,这是确定零件安放位置的依据。

加工位置是指零件在机床上加工时的装夹位置。主视图与加工位置一致,能便于看图加工。一些轴、轴套和轮盘类零件主要在车床上加工,所以一般按车削加工位置确定其主视图。即将轴线置于水平位置并垂直于侧面,如图 6-33 所示。

工作位置是指零件安装在机器中工作时的位置。主视图与工作位置一致便于对照主视图看图、画图和装配。一些支架、箱体等类零件,一般按工作位置放置,因为这类零件结构形状比较复杂,在加工不同表面时,往往其加工位置各不相同,如图 6-34(a)支架的主视图就是按工作位置绘制的,并使零件尽量多的表面平行或垂直于基本投影面。

此外,选择主视图,还应考虑合理地利用图纸幅面。

2. 视图选择的步骤

(1)了解零件

了解零件在机器中的作用和工作位置,对零件进行形体分析或结构分析。

(2)选择主视图

根据零件的特点,选择主视图的投射方向,并确定其主视图安放位置。

（3）确定其他视图

根据对零件的形体分析或结构分析，为了表达清楚每个组成部分的形状和相互位置，首先应考虑还需要哪些视图与主视图配合，然后再考虑其他视图之间的配合，使每一视图都应有明确的表达目的。

二、零件表达方案的讨论

图 6-35（a）为箱体的结构图，其重要部分是传动轴的轴承孔系，用来安放支撑蜗杆轴、蜗轮轴及圆锥齿轮轴的滚动轴承。箱体的顶部有四个凸台，凸台上有四个螺孔，用于连接

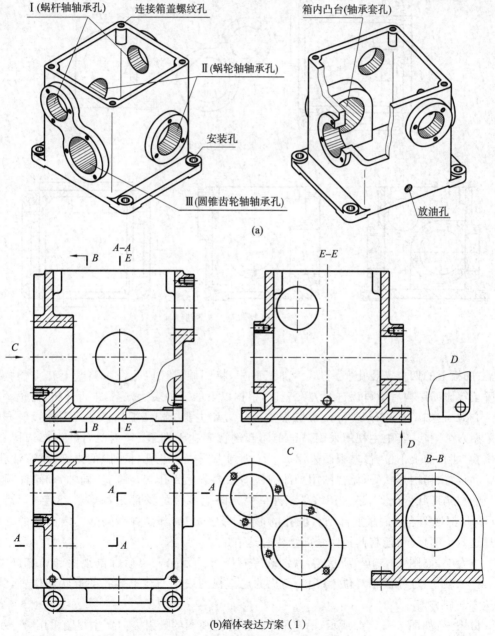

（a）

（b）箱体表达方案（1）

图 6-35 箱体表达方案

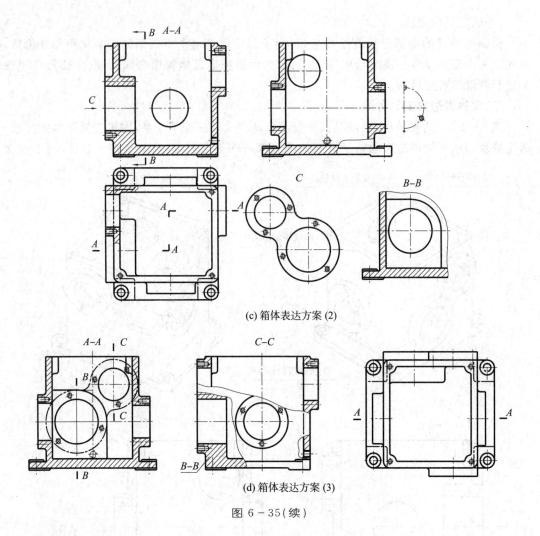

(c) 箱体表达方案 (2)

(d) 箱体表达方案 (3)

图 6 - 35 (续)

箱盖;底板上的四个安装孔(为了减少加工面积,将四周设计成凸缘);箱壁上有一个螺孔。了解了箱体的结构后就可以进行方案表达,根据以下的三种表达方案,进行分析、讨论。

方案一:如图 6 - 35(b)所示,是按照安装位置和主要结构特征选择主视图的投射方向。共采用六个图形,其中主视图采用 $A—A$ 局部剖视表达 I、III孔、箱内凸台的内部结构和相对位置、油孔的上下位置;左视图采用 $E—E$ 全剖视图表达II孔(同轴)的内部形状、油孔的形状和位置、箱内形状等;俯视图用局部剖视图主要表达 I孔安装位置(同轴)和箱体顶部、底板的结构形状。此外,还采用"C"表达左视方向上零件的外部结构形状(8字形凸台);"D"向局部视图表达底板底部凸台圆孔的形状;"$B—B$"局部剖视图表达箱内凸台的形状。通过这六个图形,就能将此箱体全部结构表达清楚。

方案二:如图 6 - 35(c)所示,主视图和左视图分别用 $A—A$ 阶梯剖视图和局部剖视图来表达三轴孔、油孔的相对位置;用一简化的局部视图表达凸台上螺孔的形状和位置,其他表达方法同方案一。

方案三:如图 6 - 35(d)所示,沿 I孔方向作为主视图的投射方向。主视图采用 $A—A$ 全剖视图表达了 II孔(同轴)内部形状、III孔(箱内凸台)形状、I 和 III孔的相对位置,此外还用

134

细虚线表示后面箱壁凸台的形状(8字形)和螺孔位置(用细双点画线表达前面箱壁上已被剖切去的螺孔的假想投影)。左视图采用了"$B-B$、$C-C$"三个局部剖视图,表达Ⅲ孔、Ⅰ孔、前边油孔,未剖切部分表达了Ⅱ孔凸台的形状和螺孔位置。俯视图采用基本视图,表达箱体顶部及底板(用细虚线表达底部凸台的形状)上安装孔的形状和位置。

方案比较:第三方案虽然所用的视图较少,但缺点是主视图和俯视图上用了过多的细虚线表示,左视图采用三个局部剖视图比较零乱,不利于看图和尺寸标注,不建议用此方案进行表达。方案一和方案二较清晰且容易看懂,并各有特点,是较好的表达方案。

三、零件的分类

零件的形状有多种多样,但大致可分为四类。

1.轴套类零件

(1)结构分析

轴套类零件的结构一般比较简单,基本形状是回转体(圆柱或圆锥),这类零件主要是在车床上加工。轴类零件一般起支承轴承、传动零件的作用,套一般装在轴上,起轴向定位、传动或联接等作用。这类零件常带有键槽、轴肩、螺纹及退刀槽、中心孔等结构。

(2)视图的选择

按车床上的加工位置(轴线水平放置)选择主视图的投射方向。实心轴没有剖开的必要,对于键槽、中心孔、退刀槽等结构采用断面图、局部剖视图和局部放大图来表达,如图6-36所示。空心套则需要剖开表达它的内部结构形状,如图6-37所示,主视图采用全剖视,为了表达中部孔和槽的结构形状,采用移出断面图,同时,对于局部细小结构采用局部放大图。

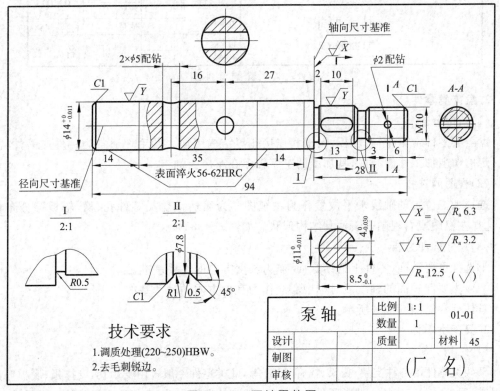

图6-36 泵轴零件图

（3）尺寸注法分析

①以重要的定位轴肩端面或重要加工面作为长度方向的尺寸基准。如图 6-36 中 Φ14 轴肩的端面为长度方向主要基准，轴的两个端面为工艺基准。

②回转轴线作为另外二个方向的主要基准。如图 6-36 所示。

③全部的尺寸标注见图 6-36。

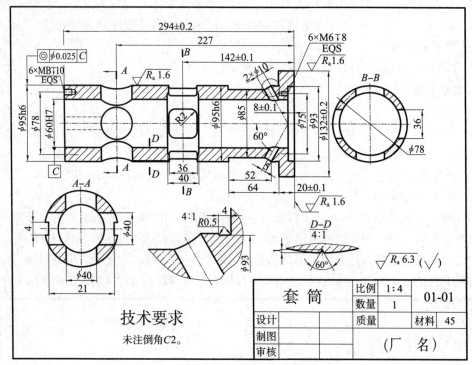

图 6-37　套筒零件图

2. 盘盖类零件

（1）结构分析

盘盖类零件常由轮辐、辐板、键槽和连接孔等结构组成。其毛坯通常为铸件或锻件，需经一定的切削加工才能制成，其加工的工序较多在车床上加工。

（2）视图的选择

选择加工位置即轴线水平放置作为主视图。为表达盘盖类零件孔、槽、辐板等分布情况，选择左视图或右视图来表达其结构形状。如图 6-38 所示。

（3）尺寸标注分析

①选择重要端面（零件上的结合面）作为长度方向的主要基准。

②以主要回转面的轴线或对称中心线作为其他方向的尺寸基准。

具体标注见图 6-38 所示。

3. 叉架类零件

（1）结构分析

叉架类零件指各种支架、拔叉、摇杆、杠杆等，此类零件一般多由支承孔、支撑板、底板等部分组成，起操纵调节作用。此类零件较复杂，一般由铸造产生毛坯，然后再经各种加工而成。

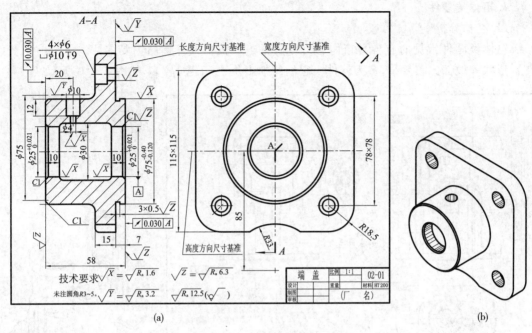

(a)　　　　　　　　　　　　　　　　　　　　　(b)

图 6 – 38　端盖零件图

（2）视图的选择

一般需两个以上的基本视图来表达。常以工作位置或能反映零件形体特征的位置作为主视图，再配以局部视图、斜视图和断面图等表达。如图 6 - 39 所示。

（3）尺寸标注分析

采用安装面或对称面作为主要基准来标注尺寸，具体标注如图 6 - 39 所示。

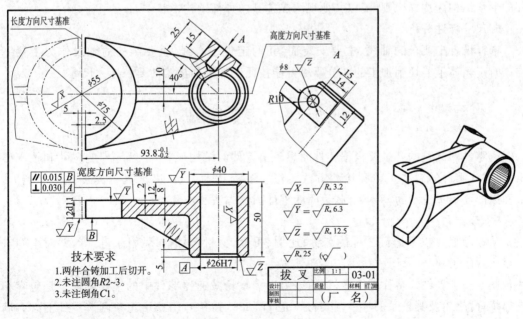

图 6 – 39　拔叉零件图

137

4. 箱体类零件

(1)结构分析

箱体类零件常见的有各类箱体、泵体等,是组成机器或部件的主要零件之一,其内、外结构形状一般都比较复杂,多为铸件。它们的加工位置(工序)较多,如图 6-40 所示。

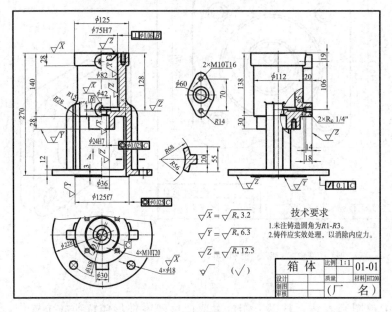

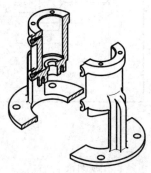

图 6-40   油压缸零件图

(2)主视图的选择

选择主视图时,这类零件常按零件的工作位置放置,而其投射方向则以充分显示出零件的形状结构为选择原则,配以其他视图表达其内外部结构形状。

5. 尺寸标注分析

选择设计上要求的轴线、主要安装面、孔的定位中心线、主要结构的轴线作为主要基准。对于箱体上要切削加工的部分要尽可能按便于加工和检验的要求标注尺寸。

§6-6   读零件图

读零件图的目的就是要根据零件图想象出零件的结构形状,了解零件的尺寸和技术要求,研究该零件的制造工艺和检测方法。作为工程技术人员,必须具备读零件图的能力。下面以图 6-41 所示的箱体为例,说明读零件图的方法和步骤。

一、读标题栏

从标题栏可以了解到零件的名称、比例、质量、材料牌号(参见附录五)等,并对全图有一个大致的了解。

图 6-41 零件的名称是箱体,该箱体为蜗杆蜗轮减速器部件中的主要零件。是包容和支撑蜗杆、蜗轮及其轮系的零件。其材料是 HT200(铸件),由此可想象到该零件上必有满足铸件工艺要求的铸造圆角及起模斜度等结构。从图的比例和图形的大小可以估计出零

138

件的实际大小。

二、分析视图,想象形状

对照视图,按零件的类型将零件进行分类,了解该零件都采用了哪些图样画法,各个视图之间的关系,采用形体分析法、线面分析法和结构分析等方法,想象出零件的形状。

这一过程是看零件图的重点,也是难点。组合体读图的方法仍然适用于读零件图。

图 6-41 的箱体较为复杂,共用八个视图表达它的内外形结构。主视图采用 $A-A$ 全剖视图,俯视图 $C-C$ 半剖视图,左视图采用 $B-B$ 半剖视图。此外还有四个局部视图和一个重合断面图。

通过形体分析可知,该箱体可视为四个部分:主体为蜗杆蜗轮啮合腔,其前后有凸缘;右边为一支撑蜗轮轴的圆筒,上有凸缘;底部为底板;啮合腔的圆筒的连接处有支撑肋板。下面再看具体的结构:

(1)啮合腔内前后的通孔 $\phi22$ 是蜗杆的输入孔,其前后凸缘上各有 $3\times M6$ 的螺孔,孔深 14,啮合腔的左端有 $\phi132$,长 16 的支撑孔;其左端有 $4\times M10$ 的螺孔(用来连接端盖的),螺孔深 8,孔深 12,左下端有一 M4 的螺孔。

(2)右端的支撑孔为 $\phi74$,其上方有一个 $\phi32$ 凸缘,并钻成 M16 螺孔(放置油杯的油孔)。

(3)底板上有 $4\times\phi15$ 通孔(用来将箱体紧固在机身上),底板有一(铸造出来)长 84,宽 80,高 4 的凹槽,底板的左端挖切一 $R20$ 的凹槽。

(4)肋板位于底板之上,其宽度为 16。

通过以上的视图分析,就可以想象出箱体的形状。

三、分析尺寸和技术要求

尺寸是加工制造零件的依据。因此,必须对零件的每一个尺寸(定形尺寸和定位尺寸)仔细分析,找出尺寸基准。同时读懂技术要求,如尺寸公差、几何公差、表面粗糙度等。

在图 6-41 中,长、宽和高三个方向的尺寸基准分别是啮合腔体的左端面、和圆筒的轴线(轴线确定了高度和宽度两个方向的基准)。如 170,142,144 等便是以此为基准标注出的。

圆筒内孔 $\Phi74H7$ 有公差要求,其偏差数值可查表得出。同时还有位置公差要求(见图)。再看表面粗糙度,其加工面不多,但要求的精度较高有 $\sqrt{R_a1.6}$ $\sqrt{R_a3.2}$ $\sqrt{R_a6.3}$ 和 $\sqrt{}$ $(\sqrt{})$。也有文字的技术要求。

§6-7 零件的测绘

零件测绘就是根据零件实物绘制出其图形、测量和标注尺寸、制定合理的技术要求的过程。在生产设计中零件测绘是很重要的一环,如仿造新产品必须通过测绘来获得生产图纸。又如维修旧设备,当破损零件缺少配件和图纸时,也必须测绘零件。

一、绘制零件草图的方法和步骤

1.了解和分析测绘零件

首先了解所测绘零件的名称、用途、材料、制造方法以及该零件在机器或部件中的作用,然后对该零件进行结构分析和工艺分析。如图 6-42 所示连杆,它属于叉架类零件,一般由铸造成型,部分表面须要机械加工。

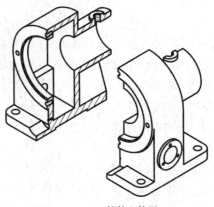

(a)箱体立体图

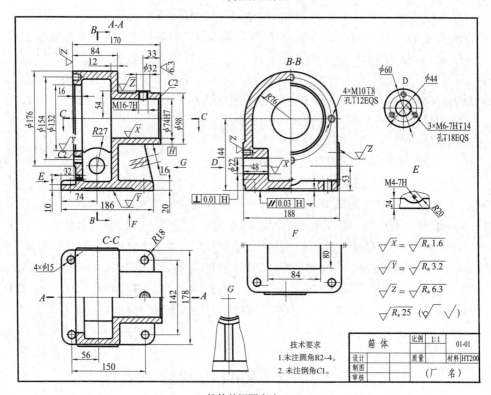

(b)箱体的视图表达

图 6 - 41　箱体的视图选择

2. 确定视图的表达方案

　　根据零件的形状特征,确定主视图及其他视图。如图 6 - 42 所示的连杆,按工作位置绘制全剖的主视图,再配以俯视图表达即可。

3. 绘制零件草图

(1)画视图

　　以目测比例徒手将视图绘制在方格纸或白纸上,绘制草图时要尽量做到图形比例协调、线型粗细分明、图面整洁等。如图 6 - 43 所示。

（2）标注尺寸

先选定基准，按正确、完全、清晰、合理的要求，画出尺寸界线、尺寸线和箭头，然后集中测量零件各部分的尺寸并将其填写在图中，同时根据零件各表面的要求，注写出技术要求，填写标题栏，完成草图绘制。如图 6 - 43 所示。

二、测绘时应注意的事项

（1）对零件制造的缺陷，如砂眼、气孔、刀痕等不应画出。对于加工和装配所需要的工艺结构如圆角、倒角、退刀槽、凸台和凹坑等都必须画出。

（2）对于有配合关系的尺寸和重要定位尺寸，应先测出其基本尺寸，再根据配合性质，查阅相关的标准手册，确定其偏差值。

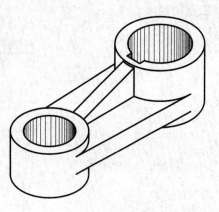

图 6 - 42　连杆立体图

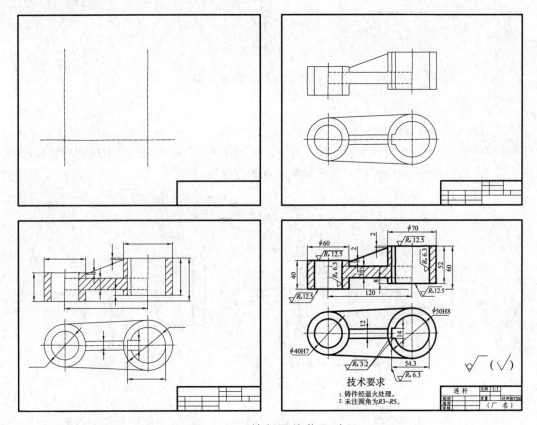

图 6 - 43　绘制零件草图过程

（3）对螺纹、键槽、齿轮等标准结构的尺寸，应把测量的结果与标准值核对，若有差别，应以标准值为准。

三、常用测量工具及测量方法

如图 6 - 44 所示，常见的测量工具有外卡钳、内卡钳、钢板尺、游标卡尺、千分尺、螺纹规、圆角规等。

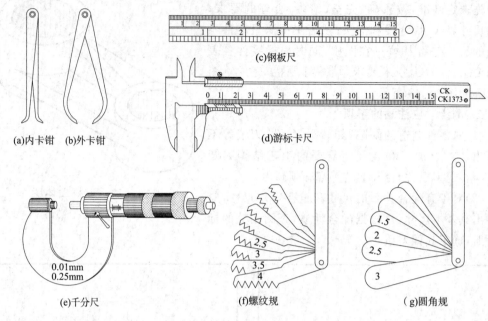

(a)内卡钳　(b)外卡钳
(c)钢板尺
(d)游标卡尺
(e)千分尺
(f)螺纹规
（g)圆角规

图 6-44　常用的测量工具

①外卡钳

外卡钳主要用于测量回转体的外径。

图 6-45(a)所示为用外卡钳测轴径;图 6-45(b)所示为在直尺上读取所测得轴径的数值。图 6-45(c)所示用外卡钳与钢板尺相配合测量壁厚。

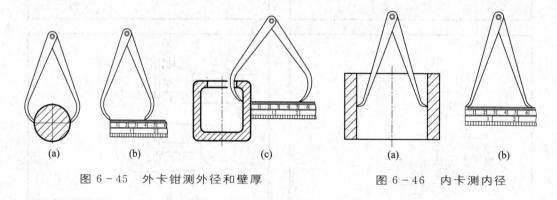

(a)　　　(b)　　　(c)　　　　　　(a)　　　(b)

图 6-45　外卡钳测外径和壁厚　　图 6-46　内卡测内径

②内卡钳

内卡钳主要用于测量孔径。图 6-46 所示为在直尺上读取所测得孔径的数值。

③钢板尺

钢板尺用于测量线性尺寸的,如图 6-47 所示。

④游标卡尺

比较精密的游标卡尺是量具,用于测量长度、直径、孔深等。游标卡尺测量尺寸可以精确到 0.02mm,如图 6-48 所示。

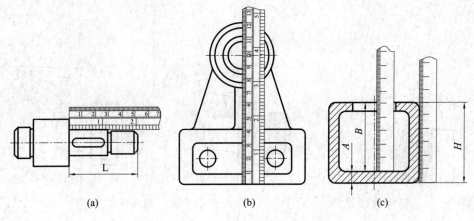

图 6-47　用钢板尺直接测量

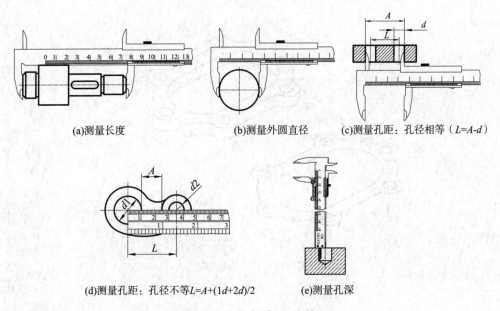

(a)测量长度　　　　(b)测量外圆直径　　　(c)测量孔距：孔径相等（$L=A-d$）

(d)测量孔距：孔径不等$L=A+(1d+2d)/2$　　(e)测量孔深

图 6-48　游标卡尺的使用

⑤千分尺

千分尺可以测量到 0.001mm 的尺寸,是用于精密的直径尺寸测量。

⑥螺纹规和圆角规

螺纹规是测量螺纹牙型及螺距的专用工具,如图 6-49 所示。而圆角规则是用来测量圆角的专用工具,如图 6-50 所示。

⑦对于精确度要求不高的曲面轮廓,可以用拓印法在纸上拓出它的轮廓形状,然后用几何作图的方法求出各连接圆弧的尺寸和中心位置,如图 6-51 所示。

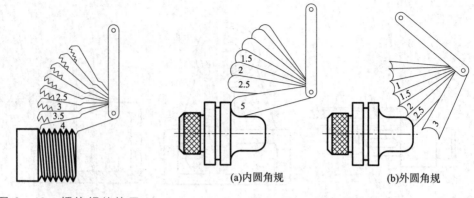

图 6-49　螺纹规的使用

图 6-50　圆角规的使用

(a)内圆角规　　　(b)外圆角规

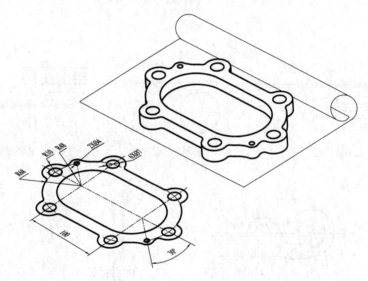

图 6-51　拓印法

第七章 装配图

用于表达机器或部件装配关系的图样称为装配图。其中表达一台完整机器的图样称为总装图(或总图),表达部件的图样称为部装图。

在机器的设计过程中,首先画出装配图,用它来表达机器(或部件)的工作原理、零件间的相对位置、装配关系和主要零件的结构特征,并注明装配、检验、安装时所需要的尺寸数据和技术要求。装配图是制定装配工艺规程,进行装配调试、检验、使用维护和拆画零件工作图的主要技术依据。

§7—1 装配图的内容

图7-1是铣床上的一个部件——铣削动力头。图7-2是它的装配图。铣削动力头的工作原理是:动力通过皮带轮带动装有铣刀盘(由双点画线表示)的轴转动,达到加工零件的目的。

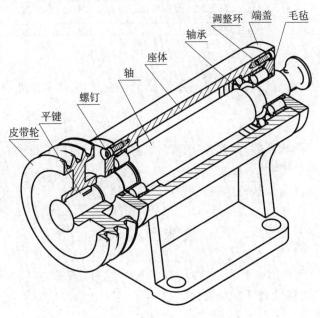

图 7 - 1   铣削动力头立体图

图7-2展示了装配图的主要内容和常用的几种表达方法。

一、一组图样

用一组视图,选择恰当的表达方法,正确、完整、清晰及简洁地表达机器(或部件)的工作原理、零件间的装配关系和主要零件的主要结构特征。

二、尺寸

为便于机器(或部件)性能分类、装配检验、安装使用、包装运输及由装配图拆画零件图

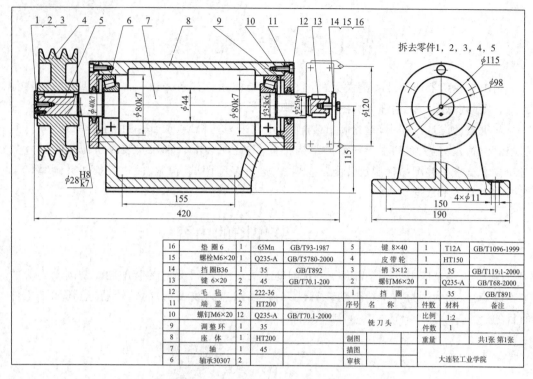

图 7－2　铣削动力头装配图

16	垫圈6	1	65Mn	GB/T93-1987	5	键 8×40	1	T12A	GB/T1096-1999
15	螺栓M6×20	1	Q235-A	GB/T5780-2000	4	皮带轮	1	HT150	
14	挡圈B36	1	35	GB/T892	3	销 3×12	1	35	GB/T119.1-2000
13	键 6×20	2	45	GB/T70.1-200	2	螺钉M6×20	1	Q235-A	GB/T68-2000
12	毛毡	2	222-36		1	挡圈	1	35	GB/T891
11	端盖	2	HT200		序号	名称	件数	材料	备注
10	螺钉M6×20	12	Q235-A	GB/T70.1-2000			比例	1:2	
9	调整环	1	35		铣刀头		件数	1	
8	座体	1	HT200		制图		重量		共1张 第1张
7	轴	1	45		描图				
6	轴承30307	2			审核		大连轻工业学院		

的需要,在装配图中应标注出反映机器(或部件)的性能规格、零件装配、安装固定、整体大小和零件上相对重要的尺寸。

三、技术要求

用文字或符号注写出机器(或部件)的质量、装配、检验、使用等技术方面的要求。

四、标题栏、编号、明细栏

装配图中的所用零件要按一定格式进行编号,并填写标题栏和明细栏,以便查阅。

§7－2　装配图的表达方法

绘制装配图时,除采用前面介绍过的各种表达方法外,通常还采取一些用于装配图的规定画法、特殊画法及简化画法进行表达。

一、规定画法

(1)两零件的接触表面和配合表面只画一条轮廓线。如图7－4中①所示;不接触表面和非配合表面,即使间距很小,也应该画成两条线,如图7－4中②所示。

(2)各零件的剖面符号要区分开来。相邻两金属零件的剖面线方向应尽可能相反,当出现第三个零件相邻接,其中两个零件的剖面线方向一致时,应用其间隔进行区别,如图7－2、图7－3所示。应特别注意,同一零件在各个视图中的剖面符号必须一致,如图7－2座体的主视图和左视图上的剖面线方向应一致。

(3)在剖视图中,当剖切平面通过实心杆件和标准件的轴线或大的对称平面进行剖切

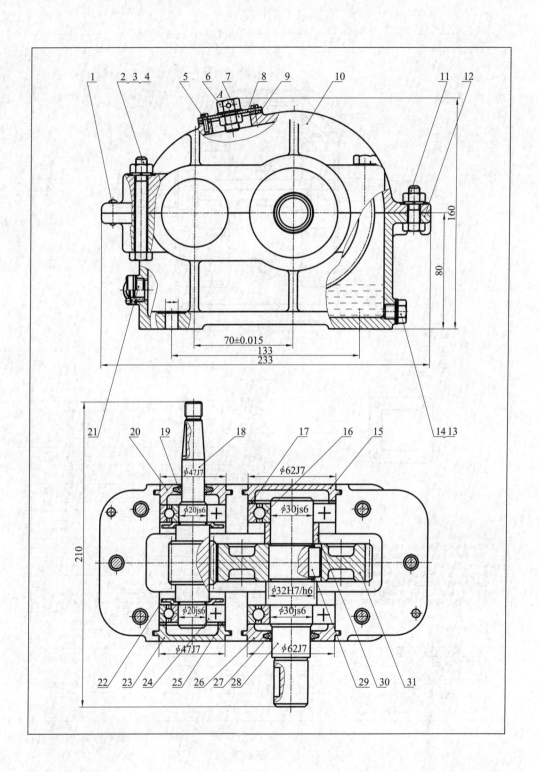

70±0.015

133

233

160

80

210

φ47J7

φ62J7

φ20js6

φ30js6

φ32H7/h6

φ20js6

φ30js6

φ47J7

φ62J7

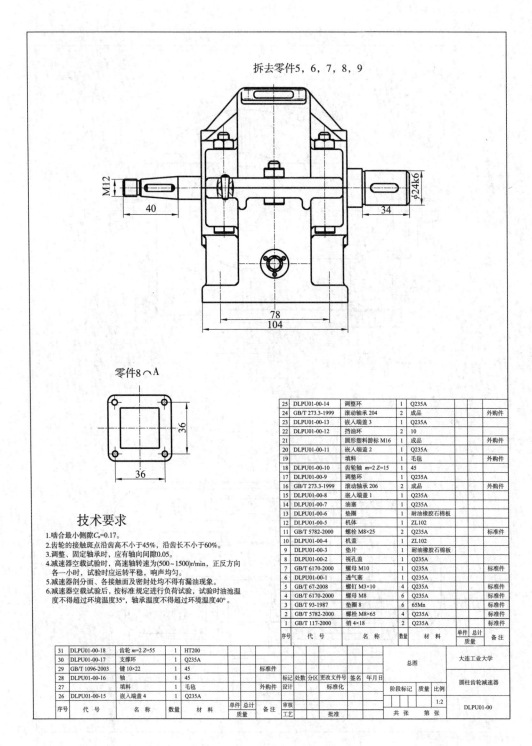

拆去零件5，6，7，8，9

M12 40 78 104 34 φ24k6

零件8向A

36 36

技术要求

1. 啮合最小侧隙 C_n=0.17。
2. 齿轮的接触斑点沿齿高不小于45%，沿齿长不小于60%。
3. 调整、固定轴承时，应有轴向间隙0.05。
4. 减速器空载试验时，高速轴转速为(500~1500)r/min，正反方向各一小时，试验时应运转平稳，响声均匀。
5. 减速器剖分面、各接触面及密封处均不得有漏油现象。
6. 减速器空载试验后，按标准规定进行负荷试验，试验时油池温度不得超过环境温度35°，轴承温度不得超过环境温度40°。

25	DLPU01-00-14	调整环	1	Q235A		
24	GB/T 273.3-1999	滚动轴承 204	2	成品		外购件
23	DLPU01-00-13	嵌入端盖 3	1	Q235A		
22	DLPU01-00-12	挡油环	2	10		
21		圆形塑料游标 M16	1	成品		外购件
20	DLPU01-00-11	嵌入端盖 2	1	Q235A		
19		填料	1	毛毡		外购件
18	DLPU01-00-10	齿轮轴 m=2 Z=15	1	45		
17	DLPU01-00-9	调整环	1	Q235A		
16	GB/T 273.3-1999	滚动轴承 206	2	成品		外购件
15	DLPU01-00-8	嵌入端盖 1	1	Q235A		
14	DLPU01-00-7	油塞	1	Q235A		
13	DLPU01-00-6	垫圈	1	耐油橡胶石棉板		
12	DLPU01-00-5	机体	1	ZL102		
11	GB/T 5782-2000	螺栓 M8×25	2	Q235A		标准件
10	DLPU01-00-4	机盖	1	ZL102		
9	DLPU01-00-3	垫片	1	耐油橡胶石棉板		
8	DLPU01-00-2	视孔盖	1	Q235A		
7	GB/T 6170-2000	螺母 M10	1	Q235A		标准件
6	DLPU01-00-1	透气塞	1	Q235A		
5	GB/T 67-2008	螺钉 M3×10	4	Q235A		标准件
4	GB/T 6170-2000	螺母 M8	6	Q235A		标准件
3	GB/T 93-1987	垫圈 8	6	65Mn		标准件
2	GB/T 5782-2000	螺栓 M8×65	2	Q235A		标准件
1	GB/T 117-2000	销 4×18	2	Q235A		标准件
序号	代 号	名 称	数量	材 料	单件 总计 质量	备注

31	DLPU01-00-18	齿轮 m=2 Z=55	1	HT200		
30	DLPU01-00-17	支撑环	1	Q235A		
29	GB/T 1096-2003	键 10×22	1	45		标准件
28	DLPU01-00-16	轴	1	45		
27		填料	1	毛毡		外购件
26	DLPU01-00-15	嵌入端盖 4	1	Q235A		
序号	代 号	名 称	数量	材料	单件 总计 质量	备注

总图 大连工业大学

圆柱齿轮减速器

标记 处数 分区 更改文件号 签名 年月日
设计   标准化
审核
工艺   批准

阶段标记 质量 比例   1:2   DLPU01-00

共 张 第 张

图 7-3　减速器装配图

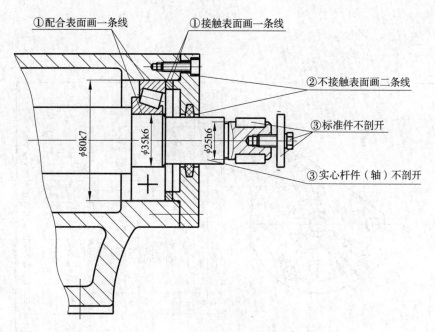

①配合表面画一条线　　①接触表面画一条线

②不接触表面画二条线

③标准件不剖开

③实心杆件（轴）不剖开

$\phi 80k7$　$\phi 35k6$　$\phi 25h6$

图 7 - 4　装配图的规定画法

时,均按不剖切绘制,图 7-4③所示的轴、螺栓、键、挡圈等。当剖切平面垂直于零件的轴线进行剖切时,实心杆件要画剖面符号,如图 7-3 中的螺栓和销、图 7-5 *A—A* 中的泵轴。

二、特殊画法

1. 拆卸画法

在装配图中为了表示被某些零件遮住的结构或装配关系,可假想将这些零件拆去,只画出所要表达部分的视图,这种方法称为拆卸画法。采用拆卸画法时,在该视图上方一般应标注"拆去××件",如图 7-2、图 7-3 所示。

2. 沿结合面剖切画法

为了表达装配体的内部结构,在装配图中可假想沿某些零件结合面剖切,如图 7-3 的俯视图、图 7-5 中 *A—A*。零件的结合面不画剖面符号。

3. 单独表达画法

在装配图中可以单独对某一个零件的特殊结构进行表达,但必须在所画视图的上方注出该零件的视图名称,在相应视图的附近用箭头指明投影方向,并注上同样的字母。如图 7-3 的零件 8、图 7-5 所示泵盖 B 向视图。

4. 夸大画法

在画装配图时,当遇到薄片零件、细丝弹簧、微小间隙等,无法按其实际尺寸画出,可采用夸大画法,如图 7-5 主视图中的零件 5 垫片(涂黑部分)、图 7-4②不接触表面就是用夸大画法画出的。

5. 假想画法

与本部件有装配关系但又不属于本部件的其他相邻零部件、运动零件的极限位置,可用双点画线画出其轮廓。如图 7-2 主视图中用双点画线画出假想的铣刀盘,以表示铣刀盘与主轴的装配关系。

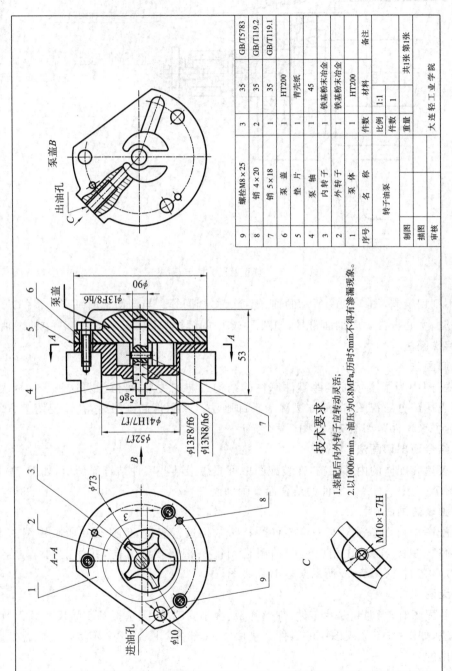

图 7-5 转子油泵装配图

6.展开画法

为了表示部件传动机构的传动路线及各轴间的装配关系,可按传动顺序沿轴线进行剖切,并将其展开在一个平面上绘出,这种画法称为展开画法。采用此方法画图时,应在所展开图上方标注"××展开"。图7-6所示挂轮架装配图就是采用展开画法画出的。

三、简化画法

(1)在装配图中,零件的工艺结构如小圆角、倒角、退刀槽等可不画出,如图7-4所示。

(2)装配图中螺母和螺栓可采用简化画法,如图7-4、图7-5所示。滚动轴承允许一半画剖视,另一半画出示意图,如图7-3、图7-4所示。

(3)对于装配图中若干相同的零件组如螺纹连接件等,可详细地画出一组或几组,其余只需表示装配位置,如图7-2、图7-3、图7-4、图7-5所示。

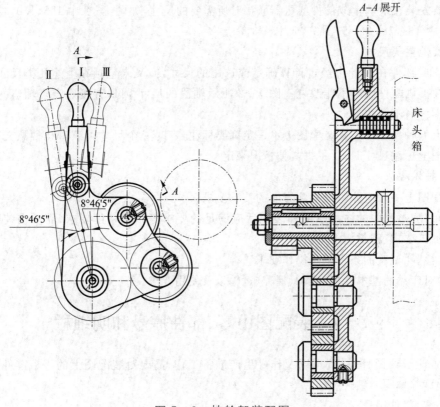

图7-6 挂轮架装配图

§7-3 装配图的尺寸注法和技术要求

一、尺寸标注

装配图的作用主要是用来表达机器的工作原理和零部件间的装配关系,因此不需要注出每个零件的所有尺寸,而只须标注以下几类尺寸。

1.性能规格尺寸

它是表示机器或部件的性能和规格的尺寸。这些尺寸在设计时就已经确定,是设计和使用机器的依据。如图 7-2 中的 115 为铣削动力头中心高,是性能规格尺寸。$\phi120$ 为刀盘的规格尺寸。

2. 装配尺寸

是用来确定零、部件间配合要求,以保证机器工作精度和性能的尺寸,表达零件间配合性质的尺寸,也是拆画零件图时确定零件尺寸偏差的依据。如图 7-2 中 $\phi80K7$、$\phi28H8/k7$,图 7-3 中 $\phi62J7$、$\phi32H7/h6$、$\phi30js6$ 等。

3. 外形尺寸

表示机器或部件总长、总宽、总高的尺寸。它是机器或部件包装、运输、安装和厂房设计的尺寸依据,如图 7-2 中 420,190,图 7-3 中 233,210,160 等。

4. 安装尺寸

机器安装在地基上或部件与机器联接时所需要的尺寸,如图 7-2 中 155,150,$4×\phi11$,图 7-3 中 133,78,$4×\phi9$,图 7-5 中 $\phi73$ 等。

5. 其他重要尺寸

机器或部件在设计中经过计算确定或选用的尺寸,但又未包括在上述几类尺寸中,这类尺寸在拆画零件图时不能改变。图 7-2 所示轴段的尺寸 $\phi44$,直接确定了轴肩的尺寸,在拆画零件时不能改变。

以上五种尺寸在一张装配图上不一定都要标注,有时一个尺寸可兼有几种意义。所以在装配图上标注尺寸时,要根据具体情况来定。

二、技术要求

装配图上一般应注写以下几方面的技术要求:

(1)装配过程中的注意事项和装配后应满足的要求等。如精度要求、需要在装配时应满足的加工要求、密封要求等。

(2)检验、试验的条件以及操作要求。

(3)对产品的基本性能、维护、保养、运输以及使用要求。

§7-4 装配图中零、部件序号和明细栏

为了便于读图、图样管理以及作好生产准备工作,需要对装配图上的每个零件或部件编写序号,并填写明细栏(表)。

一、零、部件序号

1. 装配图中所有的零、部件都必须编写序号

一种零、部件只编写一个序号,一般只注写一次。装配图上零、部件的序号应与明细栏(表)中的序号一致。

2. 装配图中零、部件序号编写方法

(1)在水平的基准(细实线)上或圆(细实线)内注写序号,序号的字号比该装配图中所注尺寸数字的字号大一号或两号,如图 7-7(a)所示。

(2)在指引线的非零件端附近注写序号,序号的字号比该装配图中所注尺寸数字的字号大一号或两号,如图 7-7(b)所示。

(3)指引线应自所指零、部件的可见轮廓内引出,并在起始端画一圆点,若所指部分很薄或

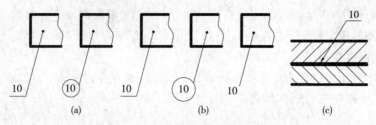

图 7-7 零件序号的注写形式

涂黑而不便于画点时,可在指引线的起始端用箭头指向该部分的轮廓,如图 7-7(c)所示。

(4)同一装配图中编写序号的形式应一致,指引线及水平线或圆均用细实线画出。

(5)各指引线不允许相交,当通过有剖面线的区域时,指引线不应与剖面线平行。指引线可以画成折线,但只可折一次。

(6)一组紧固件以及装配关系清楚的零件组,可以采用公共指引线,如图 7-8 所示。

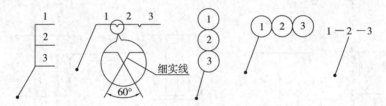

图 7-8 公共指引线的组成

(7)序号应沿水平或垂直方向,按顺时针或逆时针方向连续、整齐地排列。

二、零件明细栏(表)

(1)零件明细栏画在标题栏上方,与标题栏相连接,如图 7-9 所示。位置不够时,可在标题栏的左方邻接再画一组。

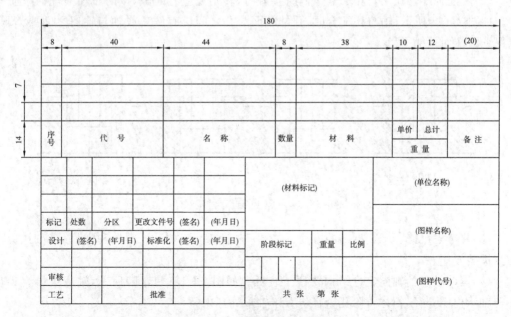

图 7-9 标题栏和明细表

（2）在明细栏中，序号编写顺序应自下而上，以便在漏编或增加零件时继续向上添加。

（3）标准件的规定标记（如螺栓 GB/T 5782—2000 M20×80）及有些零件的主要参数（如齿轮模数、齿数等），可填写在备注栏中。

（4）在实际应用中，明细栏也可不画在装配图内，而在单独的零件明细表中按格式填写。在明细表中填写零、部件时，其序号要自上而下编写。

§7—5 常见装配结构

为了保证机器或部件的性能，并能给加工和拆装带来方便，在设计和绘制装配图的过程中，应考虑到装配结构的合理性。确定合理的装配结构，主要考虑以下几个问题。

（1）两配合零件在同一方向的接触面多于一对时，就需要提高两接触面间的尺寸精度来避免干涉，但将会给零件的制造和装配等工作增加困难，所以同一方向只宜有一对接触面，如图 7-10 所示。

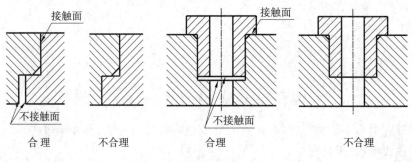

图 7-10 常见装配结构（1）

（2）两配合零件在两对相邻表面同时接触时，转角处应有间隙，以防止在装配时发生干涉。如图 7-11 所示，轴与孔配合时，孔的端面与孔之间应有倒角或轴与轴肩之间要清根，以保证两端面接触平稳。

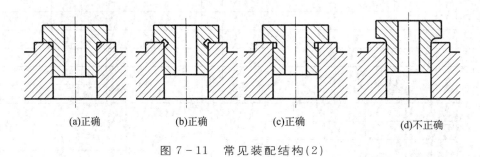

图 7-11 常见装配结构（2）

（3）要考虑维修、安装、拆卸的方便。如图 7-12 所示，在设计螺栓和螺钉位置时，应考虑其拆装方便。

（4）滚动轴承的轴向定位结构要便于装拆。如图 7-13(a)、(b)所示，轴肩大端直径应小于轴承内圈外径，箱体台阶孔直径应大于轴承外环内径。

为了防止滚动轴承产生轴向窜动，必须采用一定的结构来固定其内、外圈。如图 7-14

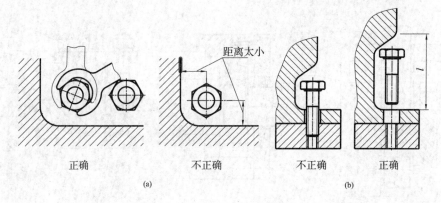

图 7-12　常见装配结构(3)

(a)、(b)、(c)、(d)所示为轴肩固定、弹簧挡圈固定和轴端挡圈固定。

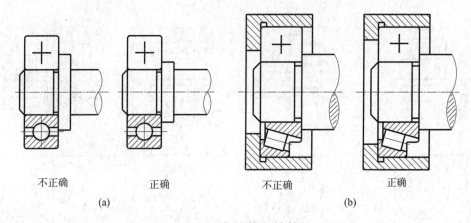

图 7-13　常见装配结构(4)

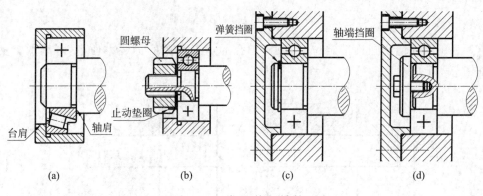

图 7-14　常见装配结构(5)

　　(5)为防止内部的液体或气体向外渗漏,同时也防止灰尘等杂质进入机器,应采取合理的、可靠的密封装置,如图 7-15 所示。

　　(6)对承受振动或冲击的部件,为了防止螺纹紧固件松动,可采用图 7-16 中常用的防松装置。

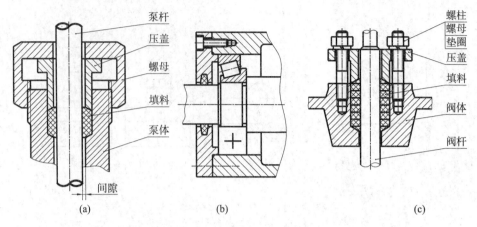

图 7 - 15　常见装配结构(6)

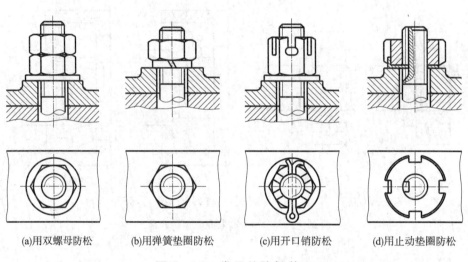

图 7 - 16　常用的防松装置

(7)采用圆柱销或圆锥销定位时,要考虑孔的加工和销的拆装方便,尽可能加工成通孔,如图 7 - 17 所示。

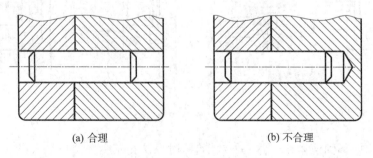

图 7 - 17　常见装配结构(7)

§7-6 部件测绘和装配图的画法

一、部件测绘

根据现有机器或部件画出零件草图,整理绘制出装配图和零件图的过程称为测绘。现以图7-18所示的球阀为例,说明部件测绘的方法和步骤。

1. 了解、分析测绘对象

测绘时,应对所测绘的对象进行全面的了解,包括机器或部件的名称、用途、性能、工作原理、结构特点、零件间的装配关系以及拆装方法等,要阅读有关的说明书和参考资料。如图7-18(a)所示的球阀是管道系统中用于控制流体流量的开关,图7-18(b)是它的工作原理图。当扳手处于图7-18(b)所示位置时,阀门处于全部开启状态,此时流量最大;当扳手顺时针方向旋转时流量逐渐减少,旋转到90°时(如图7-21所示双点画线位置),阀门全部关闭,管道断流。阀杆的位置是靠阀体1顶部凸块(90°的扇形)定位的,如图7-21俯视图所示。

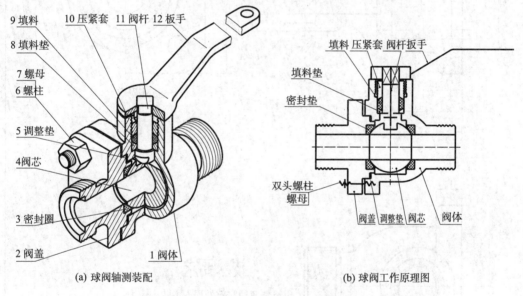

(a) 球阀轴测装配　　　　　　　　　　　(b) 球阀工作原理图

图7-18　球阀

2. 拆卸部件和画装配示意图

全面了解所测绘的部件后,可着手拆卸部件,拆卸部件时首先要有相应的工具和正确的方法,对不可拆卸的联接件或过盈配合的零件尽量不拆,以免损坏零件。其次,要画出装配示意图[图7-18(b)],它的主要作用是可以避免部件拆卸后零件乱放,装配时无法复原,同时也是绘制装配图的依据。

3. 画零件草图(如图7-19所示)

零件草图是画装配图和零件图的依据,其内容一定要齐全。画零件草图时,先目测要测绘零件的比例,再徒手绘制出零件草图(除标准件以外)。画图步骤:

①根据零件图的分类,先画出图形。

157

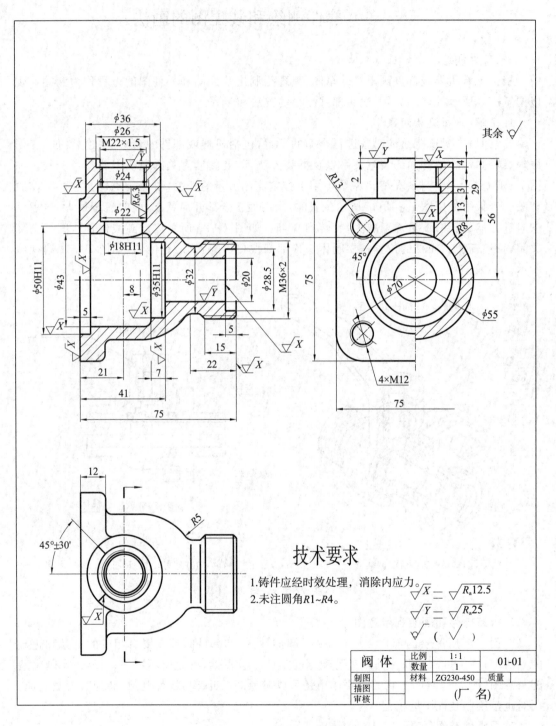

技术要求

1.铸件应经时效处理，消除内应力。

2.未注圆角R1~R4。

$$\sqrt{X} = \sqrt{R_a 12.5}$$

$$\sqrt{Y} = \sqrt{R_a 25}$$

$$\sqrt{} (\sqrt{})$$

阀 体		比例	1:1	01-01
		数量	1	
制图		材料	ZG230-450	质量
描图				
审核		(厂 名)		

图 7-19　球阀零件图

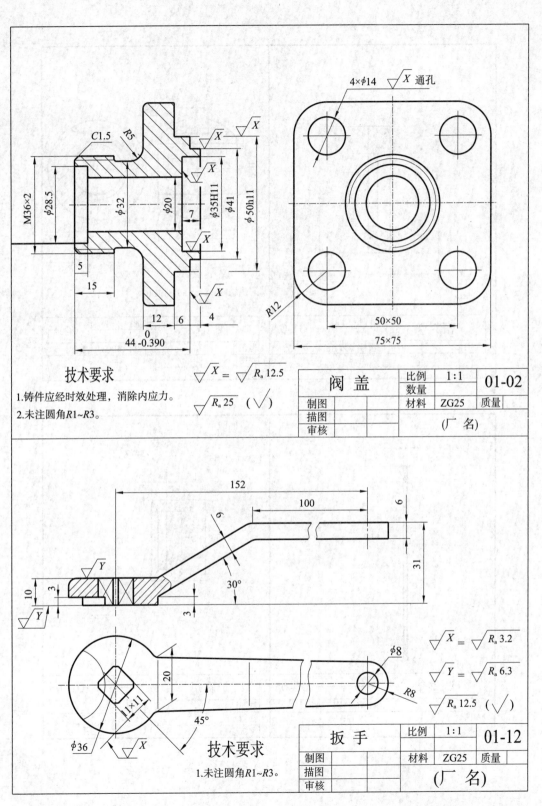

技术要求

$\sqrt{X} = \sqrt{R_a\,12.5}$

$\sqrt{R_a\,25}$ $(\sqrt{})$

1.铸件应经时效处理，消除内应力。

2.未注圆角R1~R3。

阀 盖		比例	1:1	01-02
		数量		
制图		材料	ZG25	质量
描图				
审核		（厂 名）		

技术要求

$\sqrt{X} = \sqrt{R_a\,3.2}$

$\sqrt{Y} = \sqrt{R_a\,6.3}$

$\sqrt{R_a\,12.5}$ $(\sqrt{})$

1.未注圆角R1~R3。

扳 手		比例	1:1	01-12
制图		材料	ZG25	质量
描图				
审核		（厂 名）		

图 7 - 19(续)

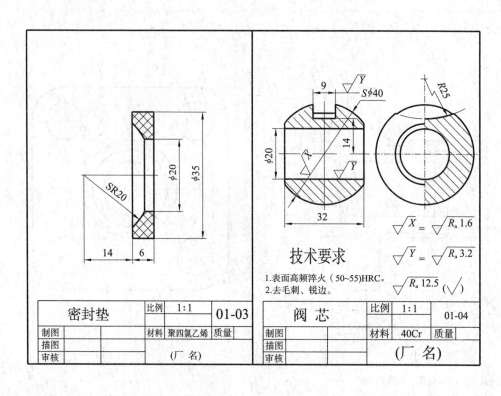

密封垫	比例	1:1	01-03
制图		材料	聚四氯乙烯	质量	
描图			(厂 名)	
审核				

技术要求

1.表面高频淬火（50~55)HRC。
2.去毛刺、锐边。

$$\sqrt{X} = \sqrt{R_a\,1.6}$$

$$\sqrt{Y} = \sqrt{R_a\,3.2}$$

$$\sqrt{R_a\,12.5}\,(\sqrt{\;})$$

阀 芯	比例	1:1	01-04
制图		材料	40Cr	质量	
描图			(厂 名)	
审核				

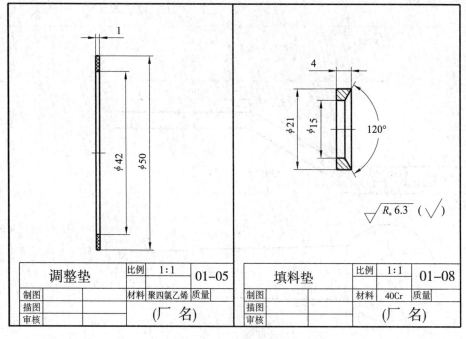

调整垫	比例	1:1	01-05
制图		材料	聚四氯乙烯	质量	
描图			(厂 名)	
审核				

$$\sqrt{R_a\,6.3}\,(\sqrt{\;})$$

填料垫	比例	1:1	01-08
制图		材料	40Cr	质量	
描图			(厂 名)	
审核				

图 7－19(续)

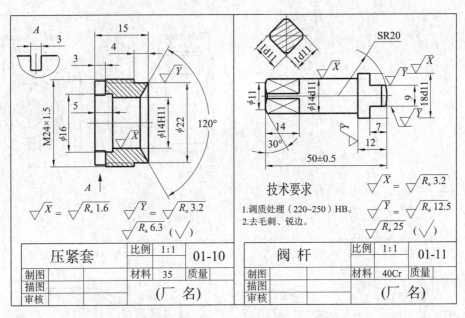

図 7-19(续)

②进行尺寸分析,画出全部尺寸线、尺寸界线,再实际测量尺寸,将所得的数据逐一填写在尺寸在线。

③确定零件的技术要求(表面粗糙度、极限与配合、形位公差、热处理等)。

④对于零件上的工艺结构,如倒角、倒圆、键槽、退刀槽等结构应查阅标准后绘出。

二、装配图的画法

1. 拟定表达方案

装配图的表达方案,主要包括选择主视图及确定其他视图的数量和表达方法。

（1）选择主视图

主视图一般按机器或部件的工作位置放置,应明显地表示其工作原理、装配关系、连接方式、传动系统及零件间主要相对位置。

为了表达内部结构,一般是通过主要装配干线作全剖视图、半剖视图或局部剖视图。如图 7-21 所示,主视图按工作位置放置,并沿装配干线作了全剖视图。这样,不仅清楚地看出大部分零件的装配关系、连接方式,还能反映其工作原理。

（2）选择其他视图

确定主视图后,根据部件的结构特点,深入分析部件中还有哪些工作原理、装配关系和主要零件结构未表达清楚,以便确定其他视图的数量,画出其他视图。如图 7-20 所示,主视图确定之后,扳手的极限位置、阀体和阀盖两零件的连接关系尚需要表达。因此,俯视图采用 $B-B$ 的局部剖视图,来表达扳手与定位凸块的关系,另外采用局部剖视图来表达阀体与阀盖的连接关系。左视图采用半剖表达外形结构和阀杆、阀芯之间的关系。

2. 画装配图的方法

（1）由内向外法

由内向外法就是从装配线的核心零件开始,按照装配关系由内向外逐个画出各个零

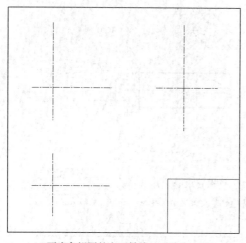

(a) 画出各视图的主要轴线、对称中心线

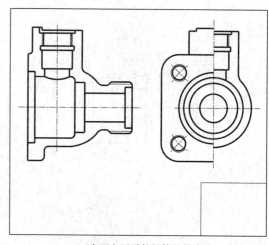

(b) 先画主要零件阀体的轮廓线

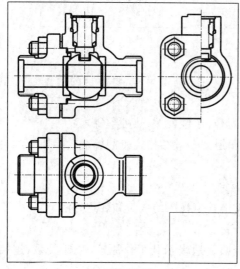

(c) 画装配干线

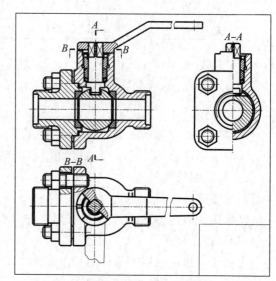

(d) 画其他零件，完成装配图

图 7 - 20　画球阀装配图的步骤

件,完成整个装配过程。

(2)由外向内法

由外向内法是先画出结构较复杂的箱体类、支架类零件,这类零件在装配图中往往在最外层,起包容作用。再由外向内装配,逐个画出零件。

3.画装配图步骤

根据图 7 - 19 球阀的零件图,拼画装配图,其步骤如下:

(1)选比例,定图幅,画出各视图的基准线、如图 7 - 20(a)所示。画出标题栏和明细表框格。

(2)画主要装配干线上的零件。如图 7 - 20(b)、(c)是由外向内先画泵体,再画主要装配干线上的零件。

162

（3）画次要装配干线上的零件，画剖面线。如图 7-20(d)所示。

（4）标注尺寸，并对底稿逐项进行检查，擦去多余的作图线，按线型规定加深。

（5）对每个零件进行编序号，填写标题栏、明细表及技术要求。

（6）完成全图后应仔细审核，然后签署姓名，填写日期，完成后的装配图，如图 7-21 所示。

§7－7　读装配图及由装配图拆画零件图

在设计、制造、检验、使用、维修及技术交流中，经常要遇到读装配图的问题。因此，熟练地读懂装配图，是工程技术人员必须具备的能力。

一、读装配图的方法和步骤

现以图 7-23 所示的齿轮油泵为例，说明读装配图的方法和步骤。

1. 概括了解

读装配图时，首先看标题栏，了解机器或部件的名称，从明细表中了解零件的名称、数量、材料等。其次大致浏览一下装配图采用了哪些表达方法，各视图配置及其相互间的投影关系、尺寸注法、技术要求等内容。再参考、查阅有关数据及其使用说明书，从中了解机器或部件的性能、作用和工作原理。

从图 7-23 所示的装配图中可知，齿轮油泵共由 16 种零件装配而成。并采用了两个视图表达，其中主视图为全剖视图，主要表达了齿轮油泵中各个零件间的装配关系。左视图是采用沿左端盖 2 和泵体 7 结合面 $A-A$ 的位置剖切后移去了垫片 6 的半剖视图。主要表达了该油泵齿轮的啮合情况、吸油和压油的工作原理，以及油泵的外形情况。

2. 分析装配关系和工作原理

从主视图入手，根据各装配干线，对照零件在各个视图中的投影，分析各零件间的配合性质、连接方法及相互关系。再进一步分析各零件的功用和运动状态。了解其工作原理。通常先从主动件开始按照连接关系分析传动路线，也可以从被动件反序进行分析，从而弄清部件的装配关系和工作原理。

齿轮油泵是机器中用于输送润滑油的一个部件。其工作原理如图 7-22 所示。当主动轮按逆时针方向旋转时，带动从动轮按顺时针旋转。啮合区内右边的压力降低而产生局部真空，油池中的油在大气压力的作用下，由进油孔进入油泵的吸油口（低压区），随着齿轮的转动，齿轮中的油不断沿箭头方向被带至左边的压油口（高压区）把油压出，送至机器中需要润滑的部位。图 7-23 中主视图较完整地表达了零件间的装配关系：泵体 7 是齿轮油泵中的主要零件之一，它的内腔正好容纳一对齿轮；左端盖 2，右端盖 8 是支承齿轮轴 3 和传动齿轮轴 4 的旋转运动；两端盖与泵体先由销 5 定位后，再由螺栓 1 连成整体；垫片 6、填料 10、填料压盖 12，压紧螺母 11，都是为了防止油泵漏油所采用的零件或密封装置。

3. 分析零件

分析零件的主要目的是弄清楚组成部分的所有零件的类型、作用及其主要的结构形状。一般先从主要零件着手，然后是其他零件。

分析零件的主要方法是将零件的有关视图从装配图中分离出来，再用看零件图的方法弄懂零件的结构形状。具体步骤是：

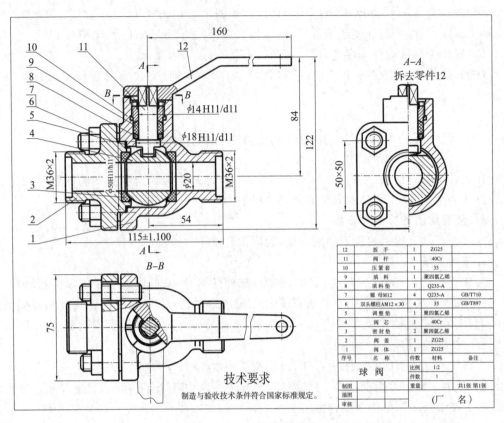

图 7-21 球阀装配图

①看零件图的序号和明细表,不同序号代表不同的零件。

②看剖面线的方向和间隔,相邻两零件剖面线的方向、间隔不同,则不是同一个零件。

③对剖视图中未画剖面线的部分,区分是实心杆件或零件的孔槽与未剖切部分,其方法是按装配图对实心件和紧固件的规定画法来判断。

4. 综合归纳,想象装配体的总体形状

在看懂每个零件的结构形状以及装配关系和了解了每条装配干线之后,还要对全部尺寸和技术要求进行分析研究,并系统地对部件的组成、用途、工作原理、装拆顺序进行总结,加深对部件设计意途的理解,从而对部件有一个完整的概念。

二、由装配图拆画零件图

根据装配图拆画零件图的过程,简称拆图。由装配图拆画零件图是产品设计过程中的一项重要环节,应在读懂装配图的基础上进行。下面以图 7-23 齿轮油泵的右端盖为例,说明拆画零件图的方法和步骤。

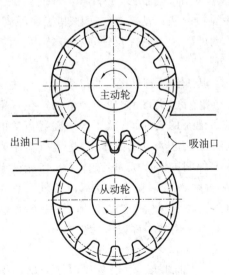

图 7-22 齿轮油泵原理图

164

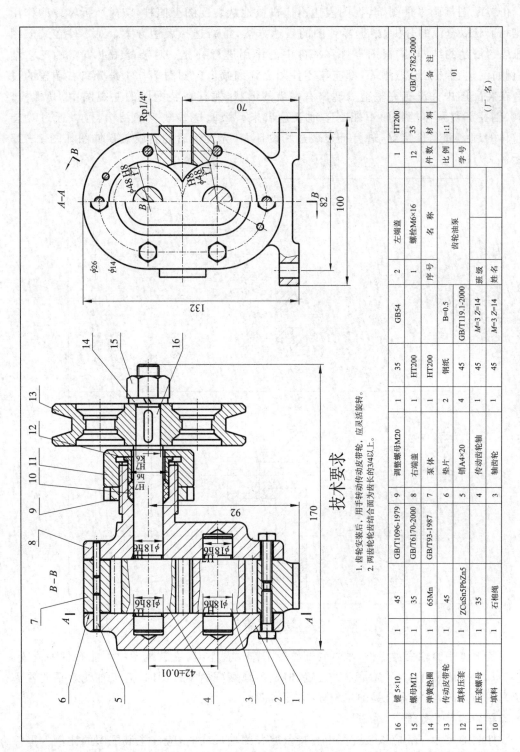

技术要求

1. 齿轮安装后, 用手转动传动皮带轮, 应灵活旋转。
2. 两齿轮齿结合面为齿长的3/4以上。

16	键 5×10	1	45	GB/T1096-1979		9	调整螺母M20	1	35	
15	螺母M12	1	35	GB/T6170-2000		8	右端盖	1	HT200	
14	弹簧垫圈	1	65Mn	GB/T93-1987		7	泵体	1	HT200	
13	传动皮带轮	1	45			6	垫片	2	钢纸	
12	填料压套	1	ZCuSn5PbZn5			5	销A4×20	4	45	GB/T119.1-2000
11	压套螺母	1	35			4	传动齿轮轴	1	45	M=3 Z=14
10	填料	1	石棉绳			3	轴齿轮	1	45	M=3 Z=14

2	左端盖	1	HT200	GB/T 5782-2000
1	螺栓M6×16	12	35	备 注
序号	名 称	件数	材 料	

齿轮油泵

比例 1:1

图号

(厂 名) 01

班级 | 姓名

图 7 - 23 齿轮油泵装配图

GB54 B=0.5

1. 确定视图表达方案

由装配图拆画零件图,其视图表达不应机械地从装配图上照抄,应对所拆零件的作用及结构形状做全面的分析,根据零件图的表达方法,重新选择表达方案。对零件在装配图中未表达清楚的结构,应根据零件在部件中的作用进行补充。对装配图上省略的工艺结构,例如倒角、倒圆、退刀槽等,都应在零件图上详细画出。如图 7-24 是分离右端盖的过程。在装配图中并没有完整地表达出右端盖的形状,尤其在装配图的左视图中,其螺栓、销孔、轴孔都被泵体挡住而不能完整地表达出来。因此这些缺少的结构,可以通过对装配整体的理解和工作情况,进行补充表达和设计,补充表达后的右端盖零件图如图 7-25所示。

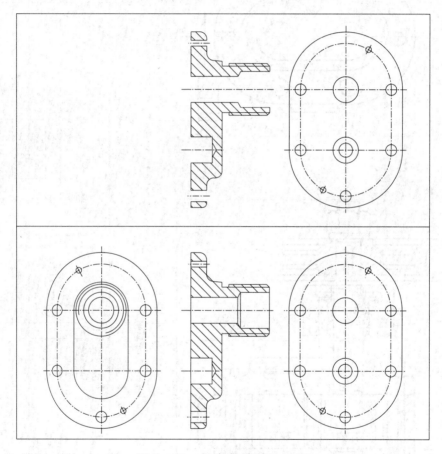

图 7-24　分离右端盖的过程

如装配体中的轴套类零件,根据装配体的工作位置不同,在装配图中可能有各种位置。如图 7-21 中的阀杆 11 零件是垂直位置,但是在画阀杆的零件图时,应以轴线水平放置为画主视图的方向,以便符合其加工位置,方便看图。

2. 零件的尺寸处理

零件图的尺寸一般应从装配图上直接量取。测量尺寸时,应注意装配图的比例。零件上的标准结构或与标准件联接配合的尺寸,例如螺纹尺寸、键槽、销孔直径等,应从有关标准中查出。需要计算确定的尺寸应计算后标出。

3. 技术要求和填写标题栏

零件上的技术要求是根据零件的作用与装配要求确定的。可参考有关数据和相近产品图样注写。标题栏应填写零件的名称、材料、数量、图号等。

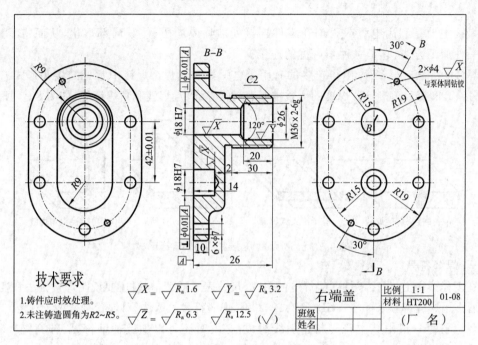

图 7-25　右端盖零件图

第八章 焊接图

焊接主要是利用电弧或火焰在零件连接处加热或加压,使其局部熔化,从而将零件连接的一种加工方法,它是一种不可拆的连接。

焊接的方法有很多种,用得较多的有手工电弧焊和气焊。焊接中常见的接头形式有:对接、搭接、T形接和角接等。焊缝的形式主要有对接焊缝、点焊缝和角焊缝等,如图8-1所示。

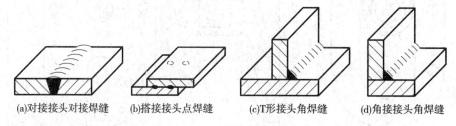

(a)对接接头对接焊缝　　(b)搭接接头点焊缝　　(c)T形接头角焊缝　　(d)角接接头角焊缝

图8-1　常见的焊接接头和焊缝形式

一、焊缝符号

在工程图样上,焊接零件要将焊缝的形式、尺寸表达清楚,有时还要说明焊接方法和要求。焊缝通常用焊缝符号来标注。GB/T 324—2008《焊缝符号表示法》对焊缝符号做了规定。

焊缝符号一般由基本符号与指引线组成,必要时还可以加上辅助符号、补充符号和焊缝尺寸符号。焊缝图形符号的线宽和字体的笔画宽度相同,约为字高的1/10。

(1)焊缝的基本符号

焊缝的基本符号是表示焊缝横截面形状的符号,用粗实线绘制,见表8-1。

表8-1　常用焊缝的基本符号

焊缝名称	焊缝形式	符号	焊缝名称	焊缝形式	符号
I形		‖	钝边U形		Y
V形		V	钝边J形		Ų
钝边V形		Y	封底焊		⌣
单边V形		V	点焊		○
钝边单边V形		Y	角焊		△

（2）焊缝的辅助符号

焊缝的辅助符号是表示焊缝表面形状特征的符号，用粗实线绘制，见表8-2。不需要确切地说明焊缝表面形状时，可以不用辅助焊缝。

（3）焊缝的补充符号

焊缝的补充符号是为了补充说明焊缝的某些特征而采用的符号，用粗实线绘制，见表8-2。

表8-2　焊接图标注的辅助符号和补充符号

	焊缝名称	图例	符号	说明
辅助符号	平面符号		———	焊缝表面平齐
	凹面符号		⌣	焊缝表面凹陷
	凸面符号		⌢	焊缝表面凸起
补充符号	带垫板符号		▭	焊缝底部有垫板
	三面焊缝符号		⊏	三面带有焊缝
	周围焊缝符号		○	环绕工件周围焊接
	现场符号		◣	在现场或工地上进行焊接

（4）焊缝的指引线

完整的焊缝表示方法除了用基本符号、辅助符号和补充符号外，还包括指引线、一些尺寸符号及数据。

指引线一般由带有箭头的指引线（简称箭头线）和两条基准线（一条为实线，另一条为虚线）两部分组成，用细线绘制，如图8-2所示。

箭头线用来将焊接符号指到图样上的有关焊缝处，必要时可以弯折一次。基准线的上面和下面用来标注各种符号和尺寸。基准线的虚线可以画在基准线实线下侧或上侧。基准线一般应与图样的底边平行，但在特殊条件下也可以与底边垂直。

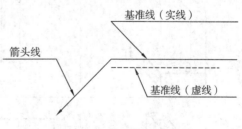

图8-2　指引线的画法

为了能在图样上确切地表示焊缝的位置，GB/T 324—2008中将基本答相对基准线的位置作了如下规定：

（1）如果焊缝在接头的箭头侧，则将基本符号标在基准线的实线侧，如图 8-3(a) 所示。

（2）如果焊缝在接头的非箭头侧，则将基本符号标在基准线的虚线侧，如图 8-3(b) 所示。

（3）标对称焊缝及双面焊缝时，可不加虚线，如图 8-3(c)，(d) 所示。

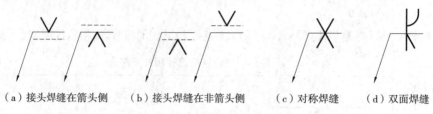

（a）接头焊缝在箭头侧　（b）接头焊缝在非箭头侧　（c）对称焊缝　（d）双面焊缝

图 8-3　基本符号相对基准线的位置

二、焊缝的画法和标注示例

（一）焊缝的画法

在垂直于焊缝的剖视图或断面图中，应画出焊缝的形式并涂黑，如图 8-4 所示。视图中，一般用粗实线表示可见焊缝，如图 8-4(a) 所示，也可用栅线表示可见焊缝，如图 8-4(b)，(c) 所示。

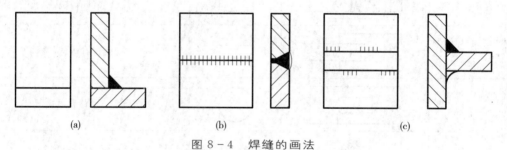

图 8-4　焊缝的画法

（二）焊缝的标注示例

常用焊缝的标注示例见表 8-3。

表 8-3　常用焊缝的图示和标注示例

示意图	图示法	标注示例

示意图	图示法	标注示例

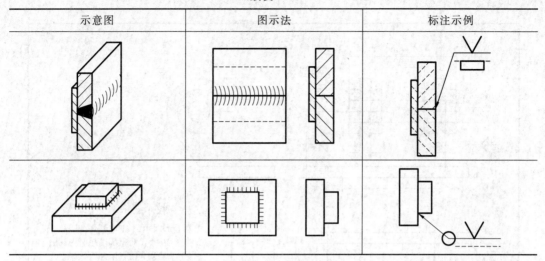

当同一图样上全部焊缝采用相同的焊接方法时,焊缝隙符号上可以省略表示焊缝方法的代号,但要在技术要求注明:"全部焊缝隙采用……焊"等字样;当大部分焊接方法相同时,也可在技术要求中注明:"除图样中注明的焊接方法外,其余焊缝均采用……焊"等字样。

三、焊接图画法

焊接件图样应清晰表示出各焊接件的相对位置、焊缝要求及焊缝尺寸等,应表示出各焊件的形状、规格大小和数量。必要时可附焊接件详图。

（一）焊接图内容

(1)表达焊接件结构形状的一组视图。

(2)焊接件的规格尺寸、各焊接件的装配位置尺寸及焊接后的加工尺寸。

(3)各焊接件连接处的接头形式、焊缝符号和焊缝尺寸。

(4)构件装配、焊接及焊后处理、加工的技术要求。

(5)说明焊件型号、规格、材料、重量的明细栏及焊件相应的编号。

(6)标题栏。

（二）焊接图的表达形式

1. 整体形式

在焊接图上除表达各焊接件的装配、焊接要求,同时还表达每一个焊接件的形状和尺寸。这种图样表达集中,出图快,一般用于修配或小批量生产。

2. 分体形式

在焊接图上表达各焊接件间的装配、焊接及焊后处理等技术要求,另外还附有各焊接件的详图以表达其形状和尺寸。这种图样表达完整、清晰,便于交流和生产,适用于大批量生产。

3. 列表形式

对整体结构复杂,焊接形式多样,其焊缝形式和尺寸不便于在图上清晰表达时,可采取列表形式,将相同规格的各种焊件的同一种焊缝形式和尺寸集中表示。

图 8-5 所示是支架的焊接图,从图中看出,它是以整体形式表示的。

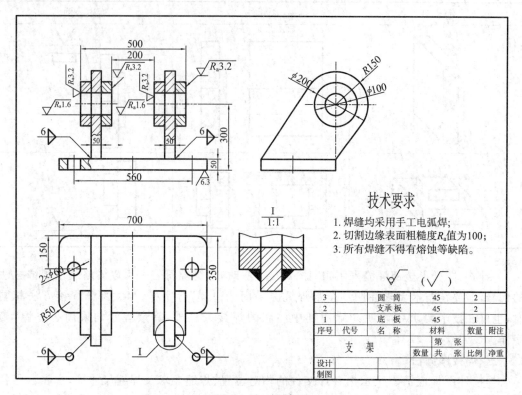

技术要求

1. 焊缝均采用手工电弧焊;
2. 切割边缘表面粗糙度 R_a 值为100;
3. 所有焊缝不得有熔蚀等缺陷。

3		圆 筒	45	2	
2		支承板	45	2	
1		底 板	45	1	
序号	代号	名 称	材料	数量	附注
支 架			第 张		
			数量	共 张	比例	净重
设计				
制图				

图 8-5　焊接图

附　　录

一、螺纹

(一)普通螺纹(GB/T193—2003)

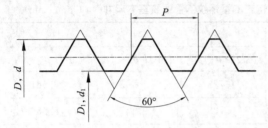

标注示例

粗牙右旋普通螺纹,公称直径 24mm:M24

细牙普通螺纹,公称直径 24mm,螺距为 1.5mm,

左旋:M24×1.5LH

附表1　普通螺纹直径与螺距系列、基本尺寸　　　(单位:mm)

公称直径 D,d		螺距 P		粗牙小径 D_1,d_1	公称直径 D,d		螺距 P		粗牙小径 D_1,d_1
第一系列	第二系列	粗牙	细牙		第一系列	第二系列	粗牙	细牙	
3		0.5	0.35	2.459	20		2.5	2,1.5,1	17.294
	3.5	0.6		2.850		22	2.5		19.294
4		0.7	0.5	3.242	24		3		20.752
	4.5	0.75		3.688		27	3		23.752
5		0.8		4.134	30		3.5	(3),2,1.5,1	26.211
6		1	0.75	4.917		33	3.5	(3),2,1.5	29.211
	7	1		5.917	36		4	3,2,1.5	31.670
8		1.25	1,0.75	6.647		39	4		34.670
10		1.5	1.25,1,0.75	8.376	42		4.5	4,3,2,1.5	37.129
12		1.75	1.25,1	10.106		45	4.5		40.129
	14	2	1.5,1	11.835	48		5		42.587
16		2	2,1.5,1	13.835		52	5		46.587
	18	2.5		15.294	56		5.5		50.046

注:1.优先选用第一系列,括号内尺寸尽可能不用。

　　2.公称直径 D,d 第三系列未列入。

　　3. ＊M14×1.25仅用于火花塞。

173

（二）用螺纹密封的和非螺纹密封的管螺纹(GB/T 7307—2001)

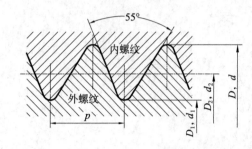

标注示例

尺寸代号为1/2的A级右旋外螺纹的标记为:G 1/2 A

尺寸代号为1/2的B级左旋外螺纹的标记为:G 1/2B—LH

尺寸代号为1/2的右旋内螺纹的标记为:G 1/2

附表2　用螺纹密封的和非螺纹密封的管螺纹的管螺纹基本尺寸　（单位:mm）

尺寸代号	每25.4mm内的牙数 n	螺距 P	基本直径		
			大径 $d=D$	中径 $d_2=D_2$	小径 $d_1=D_1$
1/16	28	0.907	7.723	7.142	6.561
1/8	28	0.907	9.728	9.147	8.566
1/4	19	1.337	13.157	12.301	11.445
3/8	19	1.337	16.662	15.806	14.950
1/2	14	1.814	20.955	19.793	18.631
5/8	14	1.814	22.911	21.749	20.587
3/4	14	1.814	26.441	25.279	24.117
7/8	14	1.814	30.201	29.039	27.877
1	11	2.309	33.249	31.770	30.291
1 1/8	11	2.309	37.897	36.418	34.939
1 1/4	11	2.309	41.910	40.431	38.952
1 1/2	11	2.309	47.803	46.324	44.845
1 3/4	11	2.309	53.746	52.267	50.788
2	11	2.309	59.614	58.135	56.656
2 1/4	11	2.309	65.710	64.231	62.752
2 1/2	11	2.309	75.184	73.705	72.226
2 3/4	11	2.309	81.534	80.055	78.576
3	11	2.309	87.884	86.405	84.926
3 1/2	11	2.309	100.330	98.851	97.372
4	11	2.309	113.030	111.551	110.072

注:本标注适用于管接头、旋塞、阀门及其附件。

二、常用的标准件

(一)螺钉

开槽圆柱头螺钉GB/T 65-2000　　开槽盘头螺钉GB/T 67-2008　　　开槽沉头螺钉GB/T 68-2000

标注示例

螺纹规格 $d=$M5、公称长度 $l=$20、性能等级为 4.8 级、不经表面处理的开槽圆柱头螺钉,其标记为:

　　　　　　螺钉　GB/T65　M5×20

附表3　螺钉各部分尺寸　　　　　　　　　　(单位:mm)

螺纹规格 d			M3	M4	M5	M6	M8	M10
a　max			1	1.4	1.6	2	2.5	3
b　min			25	38	38	38	38	38
x　max			1.25	1.75	2	2.5	3.2	3.8
n　公称			0.8	1.2	1.2	1.6	2	2.5
d_a　max			3.6	4.7	5.7	6.8	9.2	11.2
GB/T 65—2000	d_k	max	5.5	7	8.5	10	13	16
		min	5.32	6.78	8.28	9.78	12.73	15.73
	k	max	2	2.6	3.3	3.9	5	6
		min	1.86	2.46	3.1	3.6	4.7	5.7
	t	min	0.85	1.1	1.3	1.6	2	2.4
GB/T 67—2008	d_K	max	5.6	8	9.5	12	16	20
		min	5.3	7.64	9.14	11.57	15.57	19.48
	k	max	1.8	2.4	3	3.6	4.8	6
		min	1.66	2.26	2.86	3.3	4.5	5.7
	t	min	0.7	1	1.2	1.4	1.9	2.4
	r　min		0.1	0.2	0.2	0.25	0.4	0.4
GB/T 65—2000 GB/T 67—2000	$\dfrac{l}{b}$		$\dfrac{4\sim30}{l-a}$	$\dfrac{5\sim40}{l-a}$	$\dfrac{6\sim40}{l-a}$ $\dfrac{45\sim50}{b}$	$\dfrac{8\sim40}{l-a}$ $\dfrac{45\sim60}{b}$	$\dfrac{10\sim40}{l-a}$ $\dfrac{45\sim80}{b}$	$\dfrac{12\sim40}{l-a}$ $\dfrac{45\sim80}{b}$
GB/T 68—2000	d_K	max	5.5	8.4	9.3	11.3	15.8	18.3
		min	5.2	8.04	8.94	10.87	15.37	17.78
	k	max	1.65	2.7	2.7	3.3	4.65	5
	t	max	0.85	1.3	1.4	1.6	2.3	2.6
		min	0.6	1	1.1	1.2	1.8	2
	r　min		0.8	1	1.3	1.5	2	2.5
	$\dfrac{l}{b}$		$\dfrac{5\sim30}{l-(k+a)}$	$\dfrac{8\sim45}{l-(k+a)}$	$\dfrac{8\sim45}{l-(k+a)}$ $\dfrac{50}{b}$	$\dfrac{8\sim45}{l-(k+a)}$ $\dfrac{50\sim60}{b}$	$\dfrac{10\sim45}{l-(k+a)}$ $\dfrac{50\sim80}{b}$	$\dfrac{12\sim45}{l-(k+a)}$ $\dfrac{50\sim80}{b}$

注:1.标准规定螺纹规格 $d=$M1.6~M10。

　　2.表中当 l/b 中的 $b=l-a$ 或 $b=l-(k+a)$ 时表示全螺纹。

　　3.螺钉长度系列 l 为:2,3,4,5,6,8,10,12,(14),16,20,25,30,35,40,45,50,(55),60,(65),70,(75),80,尽可能不采用括号内规格。

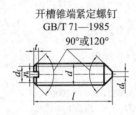

开槽锥端紧定螺钉
GB/T 71—1985

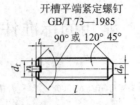

开槽平端紧定螺钉
GB/T 73—1985

开槽长圆柱端紧定螺钉
GB/T 75—1985

标注示例

螺纹规格 d＝M5、公称长度 l＝12、性能等级为 14H 级、表面氧化的开槽锥端紧定螺钉,其标记为:

螺钉 GB/T 71 M5×12

附表 4 紧定螺钉各部分尺寸 （单位:mm）

螺纹规格 d		M1.2	M1.6	M2	M2.5	M3	M4	M5	M6	M8	M10	M12
P		0.25	0.35	0.4	0.45	0.5	0.7	0.8	1	1.25	1.5	1.75
d_f $\approx$		螺 纹 小 径										
d_t	min	—	—	—	—	—	—	—	—	—	—	—
	max	0.12	0.16	0.2	0.25	0.3	0.4	0.5	1.5	2	2.5	3
d_p	min	0.35	0.55	0.75	1.25	1.75	2.25	3.2	3.7	5.2	6.64	8.14
	max	0.6	0.8	1	1.5	2	2.5	3.5	4	5.5	7	8.5
n	公称	0.2	0.25	0.25	0.4	0.4	0.6	0.8	1	1.2	1.6	2
	min	0.26	0.31	0.31	0.46	0.46	0.66	0.86	1.06	1.26	1.66	2.06
	max	0.4	0.45	0.45	0.6	0.6	0.8	1	1.2	1.51	1.51	2.31
t	min	0.4	0.56	0.64	0.72	0.8	1.12	1.28	1.6	2	2.4	2.8
	max	0.52	0.74	0.84	0.95	1.05	1.42	1.63	2	2.5	3	3.6
z	min	—	0.8	1	1.2	1.5	2	2.5	3	4	5	6
	max	—	1.05	1.25	1.25	1.75	2.25	2.75	3.25	4.3	5.3	6.3
GB 71－85	l（公称长度）	2～6	2～8	3～10	3～12	4～16	6～20	8～25	8～30	10～40	12～50	14～60
	l（短螺钉）	2	2～2.5	2～2.5	2～3	2～3	2～4	2～5	2～6	2～8	2～10	2～12
GB 73－85	l（公称长度）	2～6	2～8	2～10	2.5～12	3～16	4～20	5～25	6～30	8～40	10～50	12～60
	l（短螺钉）		2	2～2.5	2～3	2～3	2～4	2～5	2～6	2～6	2～8	2～10
GB 75－85	l（公称长度）	—	2.5～8	3～10	4～12	5～16	6～20	8～25	8～30	10～40	12～50	14～60
	l（短螺钉）	—	2～2.5	2～3	2～4	2～5	2～6	2～8	2～10	2～14	2～16	2～20
l(系列)		2,2.5,3,4,5,6,8,10,12,(14),16,20,25,30,35,40,45,50,(55),60										

注:1.公称长度为商品规格尺寸。

2.尽可能不采用括号内的规格。

（二）六角头螺栓

六角头螺栓（GB/T 5782—2000）　　　　　　六角头螺栓　全螺纹（GB/T 5783—2000）

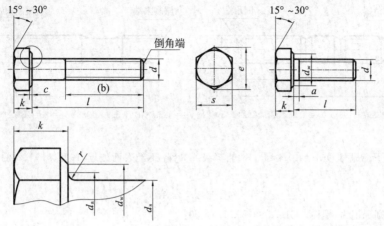

标注示例

螺纹规格 $d=$ M12、公称长度 $l=$ 50mm、性能等级为 8.8 级、表面氧化、A 级的六角头螺栓，其标记为：

螺栓　GB/T 5782　M12×50

附表 5　六角头螺栓的各部分尺寸　　　　　　　　　　（单位:mm）

螺纹规格 d			M3	M4	M5	M6	M8	M10	M12	M16	M20	M24	M30	M36	M42
b 参考	$l\leqslant125$		12	14	16	18	22	26	30	38	46	54	66	—	—
	$125<l\leqslant200$		18	20	22	24	28	32	36	44	52	60	72	84	96
	$l>200$		31	33	35	37	41	45	49	57	65	73	85	97	109
c_{max}			0.4	0.4	0.5	0.5	0.6	0.6	0.6	0.8	0.8	0.8	0.8	0.8	1
d_w min	产品等级	A	4.57	5.88	6.88	8.88	11.63	14.63	16.63	22.49	28.19	33.61	—	—	—
		B	4.45	5.74	6.74	8.74	11.47	14.47	16.47	22	27.7	33.25	42.75	51.11	59.95
e min	产品等级	A	6.01	7.66	8.79	11.05	14.38	17.77	20.03	26.75	33.53	39.98	—	—	—
		B	5.88	7.5	8.63	10.89	14.20	17.59	19.85	26.17	32.95	39.55	50.85	60.79	72.02
k 公称			2	2.8	3.5	4	5.3	6.4	7.5	10	12.5	15	18.7	22.5	26
r min			0.1	0.2	0.2	0.25	0.4	0.4	0.6	0.6	0.8	0.8	1	1	1.2
s max=公称			5.5	7	8	10	13	16	18	24	30	36	46	55	65
l（商品规格范围）			20~30	25~40	25~50	30~60	40~80	45~100	50~120	65~160	80~200	90~240	110~300	140~360	160~440
l 系 列			12,16,20,25,30,35,40,45,50,55,60,65,70,80,90,100,110,120,130,140,150,160,180,200,220,240,260,280,300,320,340,360,380,400,420,440,460,480,500												

注:1. A 和 B 为产品等级，A 级用于 $d\leqslant$24mm 和 $l\leqslant$10d 或 $\leqslant$150mm（按较小值）的螺栓，B 级用于 $d>$24mm 或 $l>$10d 或 $>$150mm（按较小值）的螺栓。

2. 螺纹规格 d 范围:GB/T 5780 为 M5~M64;GB/T 5782 为 M1.6~M64。

3. 公称长度范围:GB/T 5780 为 25~500;GB/T 5782 为 12~500。

（三）双头螺柱

$b_m = 1d(\text{GB/T }897{-}1988)$ $b_m = 1.25d(\text{GB/T }898{-}1988)$ $b_m = 1.5d(\text{GB/T }899{-}1988)$ $b_m = 2d(\text{GB/T }900{-}1988)$

标注示例

两端均为粗牙普通螺纹，$d = 10$、$l = 50$、性能等级 4.8 级、不经表面处理、B 型、$b_m = 1d$ 的双头螺柱，其标记为：

$$\text{螺柱} \quad \text{GB/T }897 \quad \text{M}10 \times 50$$

若为 A 型，则标记为：螺柱　GB/T 897 AM10×50

附表 6　双头螺柱各部分尺寸　　　　　　　　　　（单位：mm）

螺纹规格 d	b_m 公称		d_s		X max	b	l 公称
	GB 897—1988	GB 898—1988	max	min			
M5	5	6	5	4.7		10	16～(22)
						16	25～50
M6	6	8	6	5.7		10	20,(22)
						14	25、(28)、30
						18	(32)～(75)
M8	8	10	8	7.64		12	20,(22)
						16	25、(28)、30
						22	(32)～90
M10	10	12	10	9.64		14	25,(28)
						16	30,(38)
						26	40～120
						32	130
M12	12	15	12	11.57	2.5p	16	25～30
						20	(32)～40
						30	45～120
						36	130～180
M16	16	20	16	15.57		20	30～(38)
						30	40～50
						38	60～120
						44	130～200
M20	20	25	20	19.48		25	35～40
						35	45～60
						46	(65)～120
						52	130～200

注：1. 本表未列入 GB/T 899—1988、GB/T 900—1988 两种规格。

2. P 表示螺距。

3. l 的长度系列：16,(18),20,(22),25,(28),30,(32),35,(38),40,45,50,(55),60,(65),70,(75),80,90,(95),100～200(十进位)。括号内数字尽可能不用。

（四）螺母

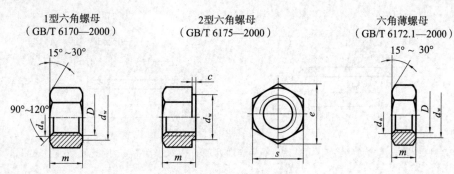

1型六角螺母
（GB/T 6170—2000）

2型六角螺母
（GB/T 6175—2000）

六角薄螺母
（GB/T 6172.1—2000）

标注示例

　　螺纹规格 D＝M12、性能等级为 8 级、不经表面处理、A 级的 1 型六角螺母，其标记为：

　　　　螺母　GB/T 6170　M12

　　性能等级为 9 级、表面氧化的 2 型六角螺母，其标记为：

　　　　螺母　GB/T 6175　M12

　　性能等级为 04 级、不经表面处理的六角薄螺母，其标记为：

　　　　螺母　GB/T 6172.1　M12

附表 7　螺母各部分尺寸　　　　　　　　　　　　（单位：mm）

螺纹规格 D		M3	M4	M5	M6	M8	M10	M12	M16	M20	M24	M30	M36
c	max	0.4	0.4	0.5	0.5	0.6	0.6	0.6	0.8	0.8	0.8	0.8	0.8
s	max	5.5	7	8	10	13	16	18	24	30	36	46	55
	min	5.32	6.78	7.78	9.78	12.73	15.73	17.73	23.67	29.16	35	45	53.8
e	min	6.01	7.66	8.79	11.05	14.38	17.77	20.03	26.75	32.95	39.55	50.85	60.79
d_w	min	4.6	5.9	6.9	8.9	11.6	14.6	16.6	22.5	27.7	33.2	42.7	51.1
m GB/T 6170	max	3.45	4.6	5.75	6.75	8.75	10.8	13	17.3	21.6	25.9	32.4	38.9
	min	3	4	5	6	8	10	12	16	20	24	30	36
m GB/T 6172.1	max	1.8	2.2	2.7	3.2	4	5	6	8	10	12	15	18
	min	1.55	1.95	2.45	2.9	3.7	4.7	5.7	7.42	9.10	10.9	13.9	16.9
m GB/T 6175	max	—	—	5.1	5.7	7.5	9.3	12	16.4	20.3	23.9	28.6	34.7
	min	—	—	4.8	5.4	7.14	8.94	11.57	15.7	19	22.6	27.3	33.1

　　注：1. GB/T 6170 和 GB/T 6172.1 的螺纹规格为 M1.6～M64；GB/T 6175 的螺纹规格为 M5～M36。

　　　　2. 产品等级 A、B 是由公差取值大小决定的，A 级公差数值小。A 级用于 D≤16 的螺母，级用于 D＞16 的螺母。

　　　　3. 材料为钢的螺母 GB/T 6170 的性能等级为 6,8,10 级，其中 8 级为常用；GB/T 6175 的性能等级有 9,12 级，

　　　　　其中 9 级为常用；GB/T 6172.1 的性能等级有 04,05 级，其中 04 级为常用。

（五）垫圈

小垫圈 A 级（GB/T848—2002）　平垫圈 A 级（GB/T97.1—2002）　平垫圈　倒角型—A 级（GB/T 97.2—2002）

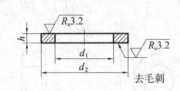 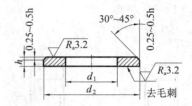

标注示例

标准系列、规格 8、性能等级为 140HV 级，不经表面处理的 A 级平垫圈，其标记为：垫圈 GB/T 97.1　8

附表 8　垫圈各部分尺寸　　　　　　　　（单位：mm）

公称规格（螺纹大径）		3	4	5	6	8	10	12	14	16	20	24	30	36
内径 d_1		3.2	4.3	5.3	6.4	8.4	10.5	13	15	17	21	25	31	37
GB/T 848—2002	外径 d_2	6	8	9	11	15	18	20	24	28	34	39	50	60
	厚度 h	0.5	0.5	1	1.6	1.6	1.6	2	2.5	2.5	2	4	4	5
GB/T 97.1—2002	外径 d_2		7	9	10	12	16	20	24	28	30	37	44	56	66
GB/T 97.2—2002	厚度 h		0.5	0.8	1	1.6	1.6	2	2.5	2.5	3	3	4	4	5

注：1. 性能等级有 140HV、200HV、300HV 级，其中 140HV 级为常用。140HV 级表示材料钢的硬度，HV 表示维示硬度，140 为硬度值。

　2. 产品等级是由产品质量和公差大小确定的，A 级的公差较小。

标准型弹簧垫圈（GB/T 93—1987）

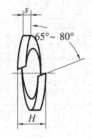  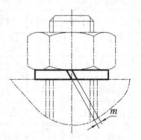

标注示例

规格 16、材料为 65Mn、表面氧化的标准型弹簧垫圈，其标记为：垫圈

附表 9　标准型弹簧垫圈各部分尺寸　　　　　　　　（单位：mm）

公称规格（螺纹大径）		4	5	6	8	10	12	16	20	24	30
d	min	4.1	5.1	6.1	8.1	10.2	12.2	16.2	20.2	24.5	30.5
	max	4.4	5.4	6.68	8.68	10.9	12.9	16.9	21.04	25.5	31.5
$S(b)$	公称	1.1	1.3	1.6	2.1	2.6	3.1	4.1	5	6	7.5
	min	1	1.2	1.5	2	2.45	2.95	3.9	4.8	5.8	7.2
	max	1.2	1.4	1.7	2.2	2.75	3.25	4.3	5.2	6.2	7.8
H	min	2.2	2.6	3.2	4.2	5.2	6.2	8.2	10	12	15
	max	2.75	3.25	4	5.25	6.5	7.75	10.25	12.5	15	18.75
$m \leqslant$		0.55	0.65	0.8	1.05	1.3	1.55	2.05	2.5	3	3.75

(六)键

平键 键槽的剖面尺寸(GB/T 1095—1979)(注:最新颁布使用的为 GB/T 1095—2003)

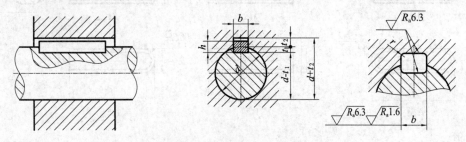

附表 10　键及键槽的尺寸

(单位:mm)

轴	键	键							槽					
			宽　　度　　b						深　　　度				半径 r	
公称直径 d	公称尺寸 $b\times h$	公称尺寸 b	极　限　偏　差						轴 t		毂 t_1 键			
			较松键联结		一般键联结		较紧键联结							
			轴 $H9$	毂 $D10$	轴 $N9$	毂 $Js9$	轴和毂 $P9$		公称	偏差	公称	偏差	最小	最大
自 6~8	2×2	2	+0.025	+0.060	−0.004	±0.0125	−0.006		1.2		1		0.08	0.16
>8~10	3×3	3	0	+0.020	−0.029		−0.031		1.8		1.4			
>10~12	4×4	4	+0.030	+0.078	0	±0.015	−0.012		2.5	+0.10	1.8	+0.10		
>12~17	5×5	5	0	+0.030	−0.030		−0.042		3.0		2.3			
>17~22	6×6	6							3.5		2.8		0.16	0.25
>22~30	8×7	8	+0.036	+0.098	0	±0.018	−0.015		4.0		3.3			
>30~38	10×8	10	0	+0.040	−0.036		−0.051		5.0		3.3			
>38~44	12×8	12	+0.043	+0.120	0	±0.0215	−0.018		5.0		3.3		0.25	0.40
>44~50	14×9	14							5.5		3.8			
>50~58	16×10	16	0	+0.050	−0.043		−0.061		6.0	+0.20	4.3	+0.20		
>58~65	18×11	18							7.0		4.4			
>65~75	20×12	20	+0.052	+0.149	0	±0.026	−0.022		7.5		4.9		0.40	0.60
>75~85	22×14	22	0	+0.065	−0.052		−0.074		9.0		5.4			
>85~95	25×14	25							9.0		5.4			
>95~110	28×16	28							10.0		6.4			

注:在工作中轴槽深用 $d-t$ 标注,轮毂槽深用 $d+t_1$ 标注。键槽的极限偏差按 t(轴)和 t_1(毂)的极限偏差选取,但轴槽深($d-t$)的极限偏差值应取负号。

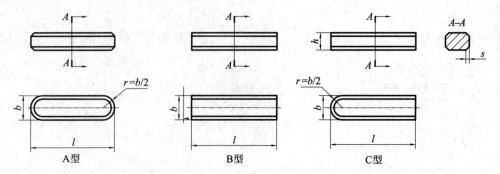

A型　　　　　　　　　B型　　　　　　　　　C型

标注示例

　　宽度 b＝16mm、高度 h＝10mm、长度 L＝100mm 普通 A 型平键的标记为:GB/T 1096　键 16×10×100

　　宽度 b＝16mm、高度 h＝10mm、长度 L＝100mm 普通 B 型平键的标记为:GB/T 1096　键 B 16×10×100

　　宽度 b＝16mm、高度 h＝10mm、长度 L＝100mm 普通 C 型平键的标记为:GB/T 1096　键 C 16×10×100

附表 11　普通型　平键(GB/T 1096—2003)　　　　　　（单位:mm）

b	2	3	4	5	6	8	10	12	14	16	18	20	22	25
h	2	3	4	5	6	7	8	8	9	10	11	12	14	14
倒角或倒圆 s	0.16～0.25				0.25～0.60				0.40～0.60				0.60～0.80	
L	6～20	6～36	8～45	10～56	14～70	18～90	22～110	28～140	36～160	45～180	50～200	56～220	63～250	70～280
L 系列	6,8,10,12,14,16,18,20,22,25,28,32,36,40,45,50,56,63,70,80,90,100,110, 125,140,160,180,200,220,250,280													

注:材料常用 45 钢。

(七)销

圆柱销 GB/T 119.1—2000

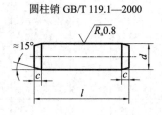

标注示例

　　1.公称直径 d＝6mm、公差 m6、公称长度 l＝30mm、材料为钢、不经淬火、不经表面处理的圆柱销,其标记为:

销　GB/T　119.1　6.6m×30

　　2.公称直径 d＝6、公差 m6、公称长度 l＝30、材料 A1 奥氏体不锈钢、表面简单处理的圆柱销,其标记为:

销　GB/T　119.1　6.6m×30—A1

附表 12　圆柱销各部分尺寸　　　　　　　　　（单位：mm）

d(公称)	0.6	0.8	1	1.2	1.5	2	2.5	3	4	5
$c\approx$	0.12	0.16	0.20	0.25	0.30	0.35	0.40	0.50	0.63	0.80
l(商品规格范围公称长度)	2～6	2～8	4～10	4～12	4～16	6～20	6～24	8～30	8～40	10～50
d(公称)	6	8	10	12	16	20	25	30	40	50
$c\approx$	1.2	1.6	2.0	2.5	3.0	3.5	4.0	5.0	6.3	8.0
l(商品规格范围公称长度)	12～60	14～80	18～95	22～140	26～180	35～200	50～200	60～200	80～200	95～200
l(系列)	2,3,4,5,6,8,10,12,14,16,18,20,22,24,26,28,30,32,35,40,45,50,55,60, 65,70,75,80,85,90,95,100,120,140,160,180,200									

注：1. 材料用钢时硬度要求为 125～245HV30，用奥氏体不锈钢 A1(GB/T 3098.6)时硬度要求为 210～280HV30。
　　2. 公差 m6：$R_a\leqslant0.8\mu m$；公差 m6：$R_a\leqslant0.8\mu m$。

圆锥销 GB/T 117—2000

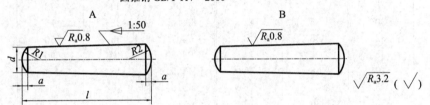

$R1\approx d$　$R2\approx d+(l-2a)/50$

标注示例

　　公称直径 $d=6$mm、公称长度 $l=30$mm、材料为 35 钢、热处理硬度 28～38HRC、表面氧化处理的 A 型圆锥销，其标记为：

销　GB/T　117　6×30

附表 13　圆锥销各部分尺寸　　　　　　　　　（单位：mm）

d(公称)	0.6	0.8	1	1.2	1.5	2	2.5	3	4	5
$a\approx$	0.08	0.10	0.12	0.16	0.2	0.25	0.3	0.4	0.5	0.63
l(商品规格范围公称长度)	4～8	5～12	6～16	6～20	8～24	10～35	10～35	12～45	14～55	18～60
d(公称)	6	8	10	12	16	20	25	30	40	50
$a\approx$	0.8	1	1.2	1.6	2	2.5	3	4	5	6.3
l(商品规格范围公称长度)	22～90	22～120	25～160	32～180	40～200	45～200	50～200	55～200	60～200	65～200
l(系列)	2,3,4,5,6,8,10,12,14,16,18,20,22,24,26,28,30,32,35,40,45,50,55, 60,65,70,75,80,85,90,95,100,120,140,160,180,200									

（八）滚动轴承

深沟球轴承(GB/T 276—1994)

标注示例

　　内径 $d=25$mm，尺寸系列代号为(0)2 的 60000 型深沟球轴承(组合代号为 62)，

　　其标记为：滚动轴承 6205　GB/T 276—1994

183

附表 14　深沟球轴承尺寸　　　　　　　　　　　　　　（单位：mm）

轴承代号	尺寸/mm			轴承代号	尺寸/mm		
	d	D	B		d	D	B
尺寸系列代号(1)0				尺寸系列代号(0)3			
606	6	17	6	633	3	13	5
607	7	19	6	634	4	16	5
608	8	22	7	635	5	19	6
609	9	24	7	6300	10	35	11
6000	10	26	8	6301	12	37	12
6001	12	28	8	6302	15	42	13
6002	15	32	9	6303	17	47	14
6003	17	35	10	6304	20	52	15
6004	20	42	12	63/22	22	56	16
60/22	22	44	12	6305	25	62	17
6005	25	47	12	63/28	28	68	18
60/28	28	52	12	6306	30	72	19
6006	30	55	13	63/32	32	75	20
60/32	32	58	13	6307	35	80	21
6007	35	62	14	6308	40	90	23
6008	40	68	15	6309	45	100	25
6009	45	75	16	6310	50	110	27
6010	50	80	16	6311	55	120	29
6011	55	90	18	6312	60	130	31
6012	60	95	18	6313	65	140	33
尺寸系列代号(0)2				尺寸系列代号(0)4			
623	3	10	4	6403	17	62	17
624	4	13	5	6404	20	72	19
625	5	16	5	6405	25	80	21
626	6	19	6	6406	30	90	23
627	7	22	7	6407	35	100	25
628	8	24	8	6408	40	110	27
629	9	26	8	6409	45	120	29
6200	10	30	9	6410	50	130	31
6201	12	32	10	6411	55	140	33
6202	15	35	11	6412	60	150	35
6203	17	40	12	6413	65	160	37
6204	20	47	14	6414	70	180	42
62/22	22	50	14	6415	75	190	45
6205	25	52	15	6416	80	200	48
62/28	28	58	16	6417	85	210	52
6206	30	62	16	6418	90	225	54
62/32	32	65	17	6419	95	240	55
6207	35	72	17	6420	100	250	58
6208	40	80	18	6422	110	280	65
6209	45	85	19				
6210	50	90	20				
6211	55	100	21	注：表中括号"（）"表示该数字在轴承代号中省略。			
6212	60	110	22				

三、常用的机械加工一般规范和零件结构要素

(一)普通螺纹收尾、肩距、倒角和退刀槽(GB/T 3—1997)

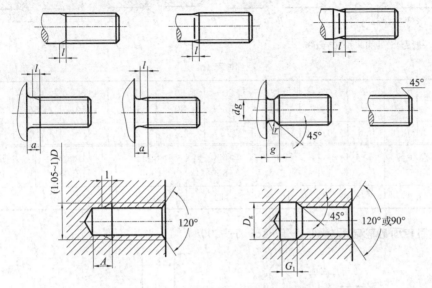

附表 15　普通螺纹收尾、肩距、倒角和退刀槽　　　　　　（单位：mm）

螺距 P	外螺纹									内螺纹						
	收尾 x max		肩距 a max			退刀槽				螺纹收尾 x max		肩距 A max		退刀槽		
						g_2 max	g_1 min	r ≈	dg					G_1		R ≈	D_g
	一般	短的	一般	长的	短的					一般	短的	一般	长的	一般	短的		
0.5	1.25	0.7	1.5	2	1	1.5	0.8	0.2	d−0.8	2	1	3	4	2	1	0.2	
0.6	1.5	0.75	1.8	2.4	1.2	1.8	0.9	0.4	d−1	2.4	1.2	3.2	4.8	2.4	1.2	0.3	D+0.3
0.7	1.75	0.9	2.1	2.8	1.4	2.1	1.1	0.4	d−1.1	2.8	1.4	3.5	5.6	2.8	1.4	0.4	
0.75	1.9	1	2.25	3	1.5	2.25	1.2	0.4	d−1.2	3	1.5	3.8	6	3	1.5	0.4	
0.8	2	1	2.4	3.2	1.6	2.4	1.3	0.4	d−1.3	3.2	1.6	4	6.4	3.2	1.6	0.4	
1	2.5	1.25	3	4	2	3	1.6	0.6	d−1.6	4	2	5	8	4	2	0.5	
1.25	3.2	1.6	4	5	2.5	3.75	2	0.6	d−2	5	2.5	6	10	5	2.5	0.6	
1.5	3.8	1.9	4.5	6	3	4.5	2.5	0.8	d−2.3	6	3	7	12	6	3	0.8	
1.75	4.3	2.2	5.3	7	3.5	5.25	3	0.8	d−2.6	7	3.5	9	14	7	3.5	0.9	
2	5	2.5	6	8	4	6	3.4	1	d−3	8	4	10	16	8	4	1	
2.5	6.3	3.2	7.5	10	5	7.5	4.4	1.2	d−3.6	10	5	12	18	10	5	1.2	D+0.5
3	7.5	3.8	9	12	6	9	5.2	1.6	d−4.4	12	6	14	22	12	6	1.5	
3.5	9	4.5	10.5	14	7	10.5	6.2	1.6	d−5	14	7	16	24	14	7	1.8	
4	10	5	12	16	8	12	7	2	d−5.7	16	8	18	26	16	8	2	
4.5	11	5.5	13.5	18	9	13.5	8	2.5	d−6.4	18	9	21	29	18	9	2.2	
5	12.5	6.3	15	20	10	15	9	2.5	d−7	20	10	23	32	20	10	2.5	
5.5	14	7	16.5	22	11	17.5	11	3.2	d−7.7	22	11	25	35	22	11	2.8	
6	15	7.5	18	24	12	18	11	3.2	d−8.3	24	12	28	38	24	12	3	

185

(二)零件倒角与倒圆 (GB/T 6403.4—2008)

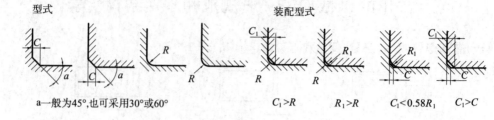

型式   装配型式

a—般为45°,也可采用30°或60° $C_1>R$ $R_1>R$ $C_1<0.58R_1$ $C_1>C$

附表 16   (单位:mm)

Φ	~3	>3~6	>6~10	>10~18	>18~30	>30~50	>50~80	>80~120	>120~180	>180~250	>250~320
C、R	0.2	0.4	0.6	0.8	1.0	1.6	2.0	2.5	3.0	4.0	5.0

Φ	>320~400	>400~500	>500~630	>630~800	>800~1000	>1000~1250	>1250~1600
C、R	6.0	8.0	10	12	16	20	25

(三)回转面砂轮越程槽(GB/T 6403.5—2008)

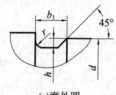 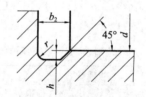

(a)磨外圆   (b)磨内圆

附表 17   (单位:mm)

d	~10			>10~50		>50~100		>100	
b_1	0.6	1.0	1.6	2.0	3.0	4.0	5.0	8.0	10
b_2	2.0		3.0						
h	0.1		0.2		0.3	0.4	0.6	0.8	1.2
r	0.2		0.5		0.8	1.0	1.6	2.0	3.0

注:1.越程槽内二直线相交处,不允许产生尖角。

2.越程槽内深度 h 与圆弧半径 r,要满足 $r\leqslant 3h$。

3.磨削具有数个直径的工件时,可使用同一规格的越程槽。

4.直径 d 值大的零件,允许选择小规格的砂轮越程槽。

5.砂轮越程槽的尺寸公差和表面粗糙度根据该零件的结构、性能确定。

四、极限与配合

附表 18　公称尺寸 3mm～500mm 的标准公差数值（GB/T 1800.2—2009）

公称尺寸/mm		公　差　等　级																	
大于	至	IT1	IT2	IT3	IT4	IT5	IT6	IT7	IT8	IT9	IT10	IT11	IT12	IT13	IT14	IT15	IT16	IT17	IT18
		μm																	
—	3	0.8	1.2	2	3	4	6	10	14	25	40	60	100	140	250	400	600	1000	1400
3	6	1	1.5	2.5	4	5	8	12	18	30	48	75	120	180	300	480	750	1200	1800
6	10	1	1.5	2.5	4	6	9	15	22	36	58	90	150	220	360	580	900	1500	2200
10	18	1.2	2	3	5	8	11	18	27	43	70	110	180	270	430	700	1100	1800	2700
18	30	1.5	2.5	4	6	9	13	21	33	52	84	130	210	330	520	840	1300	2100	3300
30	50	1.5	2.5	4	7	11	16	25	39	62	100	160	250	390	620	1000	1600	2500	3900
50	80	2	3	5	8	13	19	30	46	74	120	190	300	460	740	1200	1900	3000	4600
80	120	2.5	4	6	10	15	22	35	54	87	140	220	350	540	870	1400	2200	3500	5400
120	180	3.5	5	8	12	18	25	40	63	100	160	250	400	630	1000	1600	2500	4000	6300
180	250	4.5	7	10	14	20	29	46	72	115	185	290	460	720	1150	1850	2900	4600	7200
250	315	6	8	12	16	23	32	52	81	130	210	320	520	810	1300	2100	3200	6200	8100
315	400	7	9	13	18	25	36	57	89	140	230	360	570	890	1400	2300	3600	5700	8900
400	500	8	10	15	20	27	40	63	97	155	250	400	630	970	1550	2500	4000	6300	9700

注：公称尺寸小于 1 mm 时，无 IT14～IT18。

附表 19　优先配合中轴的极限偏差（GB/T 1800.2—2009）　　　　　　（单位：μm）

公称尺寸/mm		常　用　公　差　带											
大于	至	c	d	f	g	h				k	n	p	s	u
		11	9	7	6	6	7	9	11	6	6	6	6	6
—	3	−60 −120	−20 −45	−6 −16	−2 −8	0 −6	0 −10	0 −25	0−60	+6 0	+10 +4	+12 +6	+20 +14	+24 +18
3	6	−70 −145	−30 −60	−10 −22	−4 −12	0−8	0−12	0 −30	0 −75	+9 +1	+16 +8	+20 +12	+27 +19	+31 +23
6	10	−80 −170	−40 −76	−13 −28	−5 −14	0 −9	0 −15	0 −36	0 −90	+10 +1	+19 +10	+24 +15	+32 +23	+37 +28
10	14	−95	−50	−16	−6	0	0−18	0	0	+12	+23	+29	+39	+44
14	18	−205	−93	−34	−17	−11		−43	−110	+1	+12	+18	+28	+33
18	24	−110	−65	−20	−7	0	0−21	0	0	+15	+28	+35	+48	+54 +41
24	30	−240	−117	−41	−20	−13		−52	−130	+2	+15	+22	+35	+61 +48

187

续表 19　　　　　　　　　　　　　　　　　　（单位：μm）

公称尺寸 /mm		c	d	f	g	h				k	n	p	s	u
30	40	−120/−280	−80/−142	−25/−50	−9/−25	0/−16	0/−25	0/−62	0/−160	+18/+2	+33/+17	+42/+26	+59/+43	+76/+60
40	50	−130/−290												+86/+70
50	65	−140/−330	−100/−174	−30/−60	−10/−29	0/−19	0/−30	0/−74	0/−190	+21/+2	+39/+20	+51/+32	+72/+53	+106/+87
65	80	−150/−340											+78/+59	+121/+102
80	100	−170/−390	−120/−207	−36/−71	−12/−34	0/−22	0/−35	0/−87	0/−220	+25/+3	+45/+23	+59/+37	+93/+71	+146/+124
100	120	−180/−400											+101/+79	+166/+144
120	140	−200/−450											+117/+92	+195/+170
140	160	−210/−460	−145/−245	−43/−83	−14/−39	0/−25	0/−40	0/−100	0/−250	+28/+3	+52/+27	+68/+43	+125/+100	+215/+190
160	180	−230/−480											+133/+108	+235/+210
180	200	−240/−530											+151/+122	+265/+236
200	225	−260/−550	−170/−285	−50/−96	−15/−44	0/−29	0/−46	0/−115	0/−290	+33/+4	+60/+31	+79/+50	+159/+130	+287/+258
225	250	−280/−570											+169/+140	+313/+284
250	280	−300/−620	−190/−320	−56/−108	−17/−49	0/−32	0/−52	0/−130	0/−320	+36/+4	+66/+34	+88/+56	+190/+158	+347/+315
280	315	−330/−650											+202/+170	+382/+350
315	355	−360/−720	−210/−350	−62/−119	−18/−54	0/−36	0/−57	0/−140	0/−360	+40/+4	+73/+37	+98/+62	+226/+190	+426/+390
355	400	−400/−760											+244/+208	+471/+435
400	450	−440/−840	−230/−385	−68/−131	−20/−60	0/−40	0/−63	0/−155	0/−400	+45/+5	+80/+40	+108/+68	+272/+232	+530/+490
450	500	−480/−880											+292/+252	+580/+540

公称尺寸/mm 大于	至	C 11	D 9	F 8	G 7	H 7	H 8	H 9	H 11	K 7	N 7	P 7	S 7	U 7
—	3	+120 +60	+45 +20	+20 +6	+12 +2	+10 0	+14 0	+25 0	+62 0	0 -10	-4 -14	-6 -16	-14 -24	-18 -28
3	6	+145 +70	+60 +30	+28 +10	+16 +4	+12 0	+18 0	+30 0	+75 0	+3 -9	-4 -16	-8 -20	-15 -27	-19 -31
6	10	+170 +80	+76 +40	+35 +13	+20 +5	+15 0	+22 0	+36 0	+90 0	+5 -10	-4 -19	-9 -24	-17 -32	-22 -37
10	14	+205 +95	+93 +50	+43 +16	+24 6	+18 0	+27 0	+43 0	+110 0	+6 -12	-5 -23	-11 -29	-21 -39	-26 -44
14	18	+205 +95	+93 +50	+43 +16	+24 6	+18 0	+27 0	+43 0	+110 0	+6 -12	-5 -23	-11 -29	-21 -39	-26 -44
18	24	+240 +110	+117 +65	+53 +20	+28 +7	+21 0	+33 0	+52 0	+130 0	+6 -15	-7 -28	-14 -35	-27 -48	-33 -54
24	30	+240 +110	+117 +65	+53 +20	+28 +7	+21 0	+33 0	+52 0	+130 0	+6 -15	-7 -28	-14 -35	-27 -48	-40 -61
30	40	+280 +120	+142 +80	+64 +25	+34 +9	+25 0	+39 0	+62 0	+160 0	+7 -18	-8 -33	-17 -42	-34 -59	-51 -76
40	50	+290 +130	+142 +80	+64 +25	+34 +9	+25 0	+39 0	+62 0	+160 0	+7 -18	-8 -33	-17 -42	-34 -59	-61 -86
50	65	+330 +140	174 +100	+76 +30	+40 +10	+30 0	+46 0	+74 0	+190 0	+9 -21	-9 -39	-21 -51	-42 -72	-76 -106
65	80	+340 +150	174 +100	+76 +30	+40 +10	+30 0	+46 0	+74 0	+190 0	+9 -21	-9 -39	-21 -51	-48 -78	-91 -121
80	100	+390 +170	+207 +120	+90 +36	+47 +12	+35 0	+54 0	+87 0	+220 0	+10 -25	-10 -45	-24 -59	-58 -93	-111 -146
100	120	+400 +180	+207 +120	+90 +36	+47 +12	+35 0	+54 0	+87 0	+220 0	+10 -25	-10 -45	-24 -59	-66 -101	-131 -166
120	140	+450 +200	245 +145	+106 +43	+54 +14	+40 0	+63 0	+100 0	+250 0	+12 -28	-12 -52	-28 -68	-77 -117	-155 -195
140	160	+460 +210	245 +145	+106 +43	+54 +14	+40 0	+63 0	+100 0	+250 0	+12 -28	-12 -52	-28 -68	-85 -125	-175 -215
160	180	+480 +230	245 +145	+106 +43	+54 +14	+40 0	+63 0	+100 0	+250 0	+12 -28	-12 -52	-28 -68	-93 -133	-195 -235
180	200	+530 +240	+285 +170	+122 +50	+61 +15	+46 0	+72 0	+115 0	+290 0	+13 -33	-14 -60	-33 -79	-105 -151	-219 -265
200	225	+550 +260	+285 +170	+122 +50	+61 +15	+46 0	+72 0	+115 0	+290 0	+13 -33	-14 -60	-33 -79	-113 -159	-241 -287
225	250	+570 +280	+285 +170	+122 +50	+61 +15	+46 0	+72 0	+115 0	+290 0	+13 -33	-14 -60	-33 -79	-123 -169	-267 -313

公称尺寸 /mm		常 用 公 差 带												
		C	D	F	G	H				K	N	P	S	U
250	280	+620 +300	+320 +190	+137 +56	+69 +17	+52 0	+81 0	+130 0	+320 0	+36 −36	−14 −66	−36 −88	−138 −190	−295 −347
280	315	+650 +330	+320 +190	+137 +56	+69 +17	+52 0	+81 0	+130 0	+320 0	+36 −36	−14 −66	−36 −88	−150 −202	−330 −382
315	355	+720 +360	+350 +210	+151 +62	+75 +18	+57 0	+89 0	+140 0	+360 0	+17 −40	−16 −73	−41 −98	−169 −226	−369 −426
355	400	+760 +400	+350 +210	+151 +62	+75 +18	+57 0	+89 0	+140 0	+360 0	+17 −40	−16 −73	−41 −98	−187 −244	−414 −471
400	450	+840 +440	+385 +230	+165 +68	+83 +20	+63 0	+97 0	+155 0	+400 0	+18 −45	−17 −80	−45 −108	−209 −272	−467 −530
450	500	+880 +480	+385 +230	+165 +68	+83 +20	+63 0	+97 0	+155 0	+400 0	+18 −45	−17 −80	−45 −108	−229 −292	−517 −580

五、金属材料及其热处理和表面处理

附表 21　铁和钢

牌号	统一数字代号	使用举例	说明
1. 灰铸铁(摘自 GB/T 9439—1988)、工程用铸钢(摘自 GB/T 11352—2009)			
HT150		中强度铸铁:底座、刀架、轴承座、端盖	"HT"表示灰铸铁,后面的数字表示最小抗拉强度(MPa)
HT200 HT250		高强度铸铁:床身、机座、齿轮、凸轮、联轴器、箱体、支架	
HT300 HT350		高强度耐耐磨铸铁:齿轮、凸轮、重载荷床身、高压泵、阀壳体、锻模、冷冲压模	
ZG230—450 ZG310—570		各种形状的机件、齿轮、飞轮、重负荷机架	"ZG"表示铸钢,第一组数字表示屈服强度(MPa)最低值,第二组数字表示抗拉强度(MPa)最低值
2. 碳素结构钢(摘自 GB/T 700—2006)、优质碳素结构钢(摘自 GB/T 699—1999)			
Q215 Q235 Q255 Q275		受力不大的螺钉、轴、凸轮、焊件等 螺栓、螺母、拉杆、钩、连杆、轴、焊件 金属构造物中的一般机件、拉杆、轴、焊件 重要的螺钉、拉杆、钩、连杆、轴、销、齿轮	"Q"表示钢的屈服点,数字为屈服点数值(MPa),同一钢号下分质量等级,用 A,B,C,D 表示质量依次下降,例如 Q235——A
30 35 40 45 65Mn	U20302 U20352 U20402 U20452 U21652	曲轴、轴销、连杆、横梁 曲轴、摇杆、拉杆、键、销、螺栓 齿轮、齿条、凸轮、曲柄轴、链轴 齿轮轴、连轴器、衬套、活塞销、链轮 大尺寸的各种扁、圆弹簧,如座板簧/弹簧发条	牌号数字表示钢种平均含碳量的万分数,例如:"45"表示平均含碳量为 0.45%,数字依次增大,表示抗拉强度、硬度依次增加,延伸率依次降低。当含锰量在 0.7% ～ 1.2%时需注出"Mn"
3. 合金结构钢(摘自 GB/T 3077—1999)			
15Cr 40Cr 20CrMnTi	A20152 A20402 A26202	用于渗透零件、齿轮、小轴、离合器、活塞销活塞销,凸轮。用于心部韧性较高的渗碳零件 工艺性好,汽车拖拉机的重要齿轮,供渗碳处理	符号前数字表示含碳量的万分数,符号后数字表示元素含量的百分数,当含量小于 1.5%时,不注数字

附表 22　有色金属及其合金

牌号或代号	使用举例	说明
1.加工黄铜(摘自 GB/T 5231—2001)、铸造铜合金(摘自 GB/T 1176—1987)		
H62(代号)	散热器、垫圈、弹簧、螺钉等	"H"表示普通黄铜, 数字表示铜含量的平均百分数
ZCuZn 38Mn2Pb2 ZCuSn 5Pb5Zn5 ZCuAl10Fe3	铸造黄铜:用于轴瓦、轴套及其他耐磨零件 铸造锡青铜:用于承受摩擦的零件,如轴承 铸造铝青铜:用于制造蜗轮、衬套和耐蚀性零件	"ZCu"表示铸造铜合金,合金中其他主要元素用化学符号表示,符号后数字表示该元素的含量平均百分数
2.铝及铝合金(摘自 GB/T 3190—2008)、铸造铝合金(摘自 GB/T 1173—1995)		
1060 1050A 2A12 2A13	适于制作储槽、塔、热交换器、防止污染及深冷设备 适用于中等强度的零件,焊接性能好	铝及铝合金牌号用 4 位数字或字符表示,部分新旧牌号对照如下: 新　　　　旧 1060　　　L2 1050A　　L3 2A12　　　LY12 2A13　　　LY13
ZAlCu5Mn (代号 ZL201) ZAlMg10 (代号 ZL301)	砂型铸造,工作温度在 175℃～300℃的零件,如内燃机缸头、活塞 在大气或海水中工作,承受冲击载荷,外形不太复杂的零件,如航船配件、氨用泵体等	"ZAI"表示铸造铝合金,合金中的其他元素用化学符号表示,符号后数字表示该元素含量平均百分数。代号中的数字表示合金系列代号和顺序号

附表 23　非金属材料

标准	材料名称		代号	应用	材料	标准	名称	应用
GB/T 5574— 2008	工业用 橡胶板	耐酸碱	2707	冲制各种形状的垫圈、垫板、石棉制品	石棉	GB/T 539—2008	耐油石棉橡胶板	用于管道法兰连接处的密封衬垫材料
		耐油	3707			GB/T 3985—2008	石棉橡胶板	
		耐热	4708			JC/T 1019—2006	石棉密封材料	用于活塞和阀门杆的密封材料
	工业用 毛毡	细毛	T112— 32～44	用于密封材料	尼龙		尼龙 66	用于一般机械零件传动件及耐磨件
		半粗毛	T122— 30～38				尼龙 1010	
		粗毛	T132— 32～36					

附表 24　常用热处理和表面处理(GB/T 7232—1999、JB/T 8555—2008)

名称	有效硬化层深度和硬度标注举例	说　明	目　的
退火	退火 163～197HBW 或退火	加热→保温→缓慢冷却	用来消除铸、段、焊零件的内应力，降低硬度，以利切削加工，细化晶粒，改善组织，增加韧性
正火	正火 170～217HBW 或正火	加热→保温→空气冷却	用于处理低碳钢、中碳结构钢及渗碳零件，细化晶粒，增加强度与韧性，减少内应力，改善切削性能
淬火	42～47HRC	加热→保温→急冷 工件加热奥氏体化后以适当方式冷却获得马氏体或(和)贝氏体的热处理工艺	提高机件强度及耐磨性。但淬火后引起内应力，使钢变脆，所以淬火后必须回火
回火	回火	回火是将淬硬的钢件加热到临界点(Ac$_1$)以下的某一温度，保温一段时间，然后冷却到室温	用来消除淬火后的脆性和内应力，提高钢的塑性和冲击韧性
调质	调质 200～230HBW	淬火→高温回火	用来使钢获得高的韧性和足够的强度。重要的齿轮、轴及丝杠等零件必须调质处理
时效	自然时效 人工时效	低温回火后，机件精加工前，加热到(100～150)℃后，保温(5～20)h，空气冷却，铸件也可自然时效(放在露天中一年以上)	消除内应力，稳定机件形状和尺寸，常用于处理精密机件，如精密轴承、精密丝杠等
硬度	HBW(布氏硬度见GB/T 231.1—2009) HRC(洛氏硬度见GB/T 230.1—2009) HV(维氏硬度见GB/T 4340.1—2009)	材料抵抗硬的物体压入其表面的能力称"硬度"。根据测定的方法不同，可分布氏硬度、洛氏硬度和维氏硬度	检验材料经热处理后的力学性能 —硬度 HBS 用于退火、正火、调质的零件及铸件 —HRC 用于经淬火、回火及表面渗氮等处理的零件 —HV 用于薄层硬化零件

参考文献

[1] 朱冬梅,胥北澜. 画法几何及机械制图(第五版). 北京:高等教育出版社,2000

[2] 焦永和,林宏. 画法几何及工程制图(修订版). 北京:理工大学出版社,2003.7

[3] 何铭新,钱可强. 机械制图(第四版). 北京:高等教育出版社,2002.5

[4] 刘朝儒,彭福荫,高政一. 机械制图(第四版). 北京:高等教育出版社,2001.8

[5] 刘小年,刘振魁. 机械制图(第四版). 北京:高等教育出版社,2002.7

[6] 焦永和. 机械制图. 北京:北京理工大学出版社,2001.7

[7] 王巍. 机械制图. 北京:高等教育出版社,2003.7